AF588988

NOUVEAU TRAITÉ D'AGRICULTURE

PRATIQUE

Très-économique et très-avantageux

OUVRAGE INDISPENSABLE

AUX

Agriculteurs, Cultivateurs, Vignerons.

PAR

J. A. ROUMIEU.

Propriétaire à Malijai, (Basses-Alpes)

Membre Lauréat de la Société agricole du même département.

Rédigé

Par B. P. COUTTON.

AIX. — IMPRIMERIE NICOT, sur le Cours, 55. — 1865.

NOUVEAU TRAITÉ D'AGRICULTURE PRATIQUE.

NOUVEAU TRAITÉ

D'AGRICULTURE PRATIQUE

Très-économique et très-avantageux

CONTENANT

Toutes les institutions détaillées ayant rapport au meilleur mode de culture et d'entretien de la vigne et la conservation du vin : suivi d'un traité sur la culture et la plantation des arbres fruitiers. Enseignant l'art de connaître et d'améliorer les diverses espèces de terrain par des engrais appropriés à leur nature ; faisant connaître la méthode facile, simple et détaillée, de doubler la quantité des fumiers et en augmenter la valeur ; donnant quelques nouveaux détails sur le perfectionnement des charrues, et leur emploi pour défoncer plus profondément la terre avec moins de travail et moins de force, le tout suivi de certaines autres connaissances utiles, etc., etc.

OUVRAGE INDISPENSABLE

AUX

Agriculteurs, Cultivateurs, Vignerons.

PAR

J. A. ROUMIEU

Propriétaire à Malijai, (Basses-Alpes)

Membre Lauréat de la Société agricole du même département.

Rédigé

Par B. P. COUTTON.

AIX. — IMPRIMERIE NICOT, sur le Cours, 55. — 1865.

INTRODUCTION.

L'agriculture est le premier élément
de la prospérité d'un pays.
NAPOLÉON III, *Liv. Imp. p.* 22.

L'unique ressource et le grand levier des sociétés humaines, c'est le travail. Lui seul peut les faire triompher dans les luttes pénibles et constantes qu'elles ont à livrer à la nature. C'est par lui que sont défrichées les terres incultes, ouverts les canaux, tracées les routes, exploitées les mines : c'est par lui que sont créés tous les produits de l'industrie, que nos maisons sont construites, que nos vêtements sont tissés, que nos aliments sont préparés; c'est lui qui dans un ordre plus élevé fait avancer les sciences et les arts. Sans lui l'humanité ne saurait vivre, sans lui la société n'existerait point. Partout nous le voyons dans ce qui nous entoure, dans ce qui nous sert : il se présente sous mille formes diverses : il s'applique à tout, depuis la plus grossière transformation de la matière, jusqu'aux productions les plus délicates de l'intelligence.

Le travail est l'élément premier, l'élément indispensable de la société et de la civilisation, et par cela même il en est aussi la plus noble. Sans lui point de jouissance, et sans lui point de gloire. Les grands peuples sont précisément ceux qui ont le plus travaillé; et sous nos yeux nous pouvons le voir. S'il existe certaines contrées dans le monde qui soit tombées si bas, c'est que là, les peuples abrutis par un funeste despotisme, sont encore plongés dans la parsesse et l'indolence. Les Français et les Anglais ne l'emportent sur les autres peuples que parce qu'ils sont les plus laborieux et les plus travailleurs de tous.

Ce qui est vrai de péuple à peuple, ne l'est pas moins d'homme à homme, d'individu à individu. Parmi nous, qui estime l'homme oisif, si ce n'est des hommes oisifs et paresseux comme lui? Dans cette société où le hasard nous a placé, mais dont nous recevons tant de bienfaits, malgré les désordres et les vices qui existent, chacun de nous doit payer sa dette le plus largement qu'il peut, et tâcher de s'acquitter dans la proportion de ses forces.

L'homme qui travaille pour la société, la sert avec profit, et de plus, il se libère en partie de la grave obligation qu'il avait contractée envers elle.

Voilà pourquoi, de tout temps, dans tous les pays, cette portion de la société que l'on nomme le peuple, est la plus importante et la plus respectable. C'est elle qui, par sa force et par son nombre, accomplit tous les travaux sans esquels la société ne pourrait-être. C'est la base, l'inébranlable fondement de la société sur lequel tout repose, avec lequel tout s'affaise, quand il chancelle ou vient à manquer.

Nous demandons à tout homme qui travail, que ce soit de ses bras ou de sa tête, le travaille n'est-il point pour lui une source constante de jouissances, de bonheur et de dignité, quand il vient à réfléchir sur son œuvre, et qu'il comprend pourquoi et comment il l'a produite? Eh bien! c'est là le sentiment qui doit soutenir l'homme de travail et lui donner bonne espérance. Dans son cœur, tout homme qui travaille doit se sentir au-dessus de celui qui ne fait rien; et malgré tous les abus sociaux qui existent et qui répartissent si souvent et d'une manière si inégale les récompenses acquises par le travail, l'homme aborieux peut se dire qu'il s'estime, qu'il a pour lui le bon droit, et que, tôt ou tard, le jour de l'amélioration dos venir; car dans ce moment qui pousse et fait sans cesse avancer la société humaine, il est évident que le progrèt tend toujours vers le mieux, et que l'humanité devient de jour en jour plus heureuse.

L'homme de travail, aux yeux de la raison et de la justice, n'est souverain que parce qu'il travaille, c'est lui qui fait vivre la société, il est juste que ce soit lui qui la domine. Je dirai plus, l'homme qui travaille et qui conçoit ce que c'est que le travail, n'a jamais pensé à vendre son indépendence et sa liberté, et à livrer ses affaires à l'homme inutile et souvent dangereux, qui se repose et jouit parce qu'il a de la fortune, comme si ses pères qui m lui ont transmise avaient pu le dispenser de travailler à son tour, et comme si sa dette de travail n'était pas d'autant plus forte qu'il a une plus large part aux avantages sociaux.

La religion chrétienne, le dogme chrétien a eu ce grand tort de représenter le travail comme une punition infligée par le ciel à l'humanité déchue. Le travail n'est, ni un châtiment ni une honte; et je soutiens avec raison que depuis le berceau des Ages jusqu'aux tombeaux des Nations, le travail a été et sera une gloire et un bonheur. . . . .

L'ouvrage que je publie aujourd'hui comprend donc, outre les indications ayant rapport à la culture de la vigne et au rétablissemeut des vins, la plantation des arbres fruitiers en général de même que toutes les opérations qui peuvent s'y rattacher, telle que, greffe, taille, etc. Le tout sera suivi de certaines indications relatives à l'endiguement et à l'atterrissement des rivières et des petits torrents au moyen de plantations vivaces. Je ferai connaître d'une manière claire tous les moyens accompagnés de très-bons résultats que j'ai obtenus pendant trente années de pratique par moi-même. Je parlerai ensuite des engrais, cette matière si indispensable, à la terre, puisqu'elle est sa nourriture, en faisant comprendre à l'aide de quelques procédés nouveaux la manière de rendre bons et profitables les plus mauvais fumiers, de même qu'un mode de composition facile et peu coûteux pour en augmenter la quantité et en doubler la valeur.

Qu'il me soit permi de citer à ce sujet, un fragment du discours prononcé par l'honorable M. Serph, vice-président du concours régional de l'Algérie, à la distribution solennelle des prix, le dimanche 12 octobre 1862.

« Je vois bien, Messieurs, disait l'honorable vice-président en s'adressant au peuple, que le cultivateur algérien sème beaucoup, il sème énormément, mais il ne fume guère; le plus souvent même il ne fume pas du tout: remédie-t-il à cet inconvénient par de profonds labours multipliés et des jachères qui, exposant la terre aux rayons bienfaisants du soleil et aux influences fertilisantes de l'atmosphère, atténuent en partie les résultats désastreux du manque d'engrais, tout en détruisant les herbes parasites? Non, il n'en fait rien, et c'est le plus souvent au moment d'ensemencer son champ, qu'il l'ouvre pour lui confier le grain qui doit y naître, y vivre et y mourir, Dieu sait, et nous aussi dans quelles conditions !.....

« Cette importance des engrais, sans lesquels il n'y a pas de culture possible, est à peine comprise par quelques-uns

« C'est cependant l'or tout trouvé que vous laissez perdre complètement et auquel vous ne donnez aucun soin.

« Cette matière si précieuse, dont vous, gens du métier agricole, faites si peu de cas, est cependant appréciée comme vous ne sauriez le faire, partout et par tous.

« Sous ce titre: *La terre appauvrie par la mer*, un grand poëte qui ne craint pas de se faire prosateur, en parle en ces termes dans sa dernière œuvre.

« Que fait-on de cet or fumier? On le balaie à l'abîme Tout l'engrais humain et animal que le monde perd, rendu à la terre suffirait à nourrir le monde.

« Ce tas d'ordures du coin des bornes, ces tombereaux de boue, cahotés la nuit dans les rues, ces affreux tonneaux de la voirie, ces fétides écoulements de fange souterrains que le pavé vous cache, savez-vous ce que c'est? C'est la prairie en fleurs, c'est l'herbe verte..... C'est du bétail, c'est le mugissement satisfait des grands bœufs, le soir, c'est du foin parfumé, c'est du blé doré, c'est du pain sur votre table, c'est du sang dans vos veines, c'est la santé, c'est la joie, c'est la vie. Ainsi le veut cette création mystérieuse qui est la transformation sur la terre et la transfiguration dans le ciel.

« Rendez cela au grand creuset: votre abondance en sortira. La nutrition des plantes fait la nourriture des hommes.

« Vous êtes maîtres de prendre cette richesse et de me trouver ridicule par dessus le marché, ce sera là le chef-d'œuvre de votre ignorance. »

. . . .

Le même auteur, cite encore dans son discours, une légende de l'illustre agriculteur Poitevin, sur l'abondance des cultures continuelles qui quelquefois se succèdent à elles-mêmes sans engrais et sur le même sol. Elle a son importance et mérite d'être ajoutée ici.

C'est la Terre, qui, sous l'aspect d'une vieille femme déguenillée, maigre et mal peignée apparaît à un enfant du nom de Franck, chargé de répandre la véritée agricole parmi les cultivateurs récalcitrants aux bonnes méthodes agronomiques.

« Me connais-tu, mon petit Franck ? — Non, vraiment. — Je m'appelle la Terre; je nourris le monde et suis ta grand'mère. — Pourquoi pleurez-vous ma grand'mère ? — Le mauvais cultivateur me fait chagrin : il laboure te sème toujours du grain sans fumer, sans rien me donner. — Dis-lui donc ça, mon pauvre Franck..... — Ma grand'-mère je lui dirai....

« Dans un jardin, il change tous les carrés pour l'oignon, l'ail et le potage ; dans les champs, il ne met luzerne après luzerne, ni deux maïs, deux seigle, deux pomme de terre, ou deux trèfle de suite. Mais il sème deux froment, fume petitement, ou fume en méture, ou froment, avoine et baillage ; enfin, toujours, toujours du grain, si bien qu'il m'épuise et qu'il n'a rien. dis-lui donc ça mon pauvre Franck. — Je lui dirai ma grand'mère.

« La mauvaise herbe me mange, elle vient toujours et tue son blé. Le seul moyen, c'est de me mettre en pré pour que la mauvaise herbe périsse. — Dis-lui donc ça mon pauvre Franck. — Je lui dirai, ma grand'mère. — Mon Dieu ! je ne demande pas à me reposer, je veux marcher, mais toujours changer. — Jamais deux grains de suite, ça m'écrase, autrement je ne nourirai pas tous mes enfants. — Dis-lui donc ça, mon pauvre Franck. — Ma grand'mère je lui dirai.

« Dis-leur : Madame la Terre est maligne comme un diable, revêche et têtue ; faut lui obéir pour qu'elle donne. — Je ne dirai pas ça ma grand'mère.

« Si fait ! si fait ! il faut qu'ils me connaissent, ne les entends-tu pas me dire des sottises, crier : La Terre ne vaut rien. — Ce sont eux qui ne valent rien. — Dis-leur donc ça mon pauvre Franck. — Je leur dirai, ma grand'-mére.

« Vois-tu ? Madame la Terre a vingt espèces de sucs ; l'un pour le grain, l'autre pour les pommes de terre, celui-ci pour la betterave, celui-là pour la carotte, le colza, le sainfoin, la luzerne, etc.

Quand l'un est épuisé, il faut lui donner le temps de se refaire. — Quand on a trait la vache, on attend le lait à revenir. — Ma grand'mère je comprends ça.

« Après un renouvelé, tout vient à merveille, hors le pré. C'est que tous les sucs sont là. Alors on peut faire deux froment en les fumant. Mais, quand le cheval est fatigué, on le laisse reposer ; quand la charrette a roulé, faut la graisser ; pour que la terre produise, faut la fumer. — Je leur dirai ça, ma grand'mère. »

Je voudrais, messieurs, que le rêve de Franck fut écrit en lettres de feu dans la demeure de chaque cultivateur, que les vérités de notre mère commune lui fussent un cauchemar perpétuel, jusqu'au jour où il aurait suivi ses conseils ; ce jour-là, l'agriculture serait prospére.

Ce que je viens de rapporter au sujet des engrais, doit suffire je pense pour donner une idée de l'importance de cette matière si utile à la terre, puisqu'elle est sa nourriture. Néanmoins il est vraiment fâcheux que par négligence, apathie, et le plus souvent encore par ignorance, le cultivateur laisse perdre des choses qui lui seraient d'un grand secours; car enfin, accroître la production du sol' c'est enrichir un pays; il faut donc prendre tous les moyens pour hâter de plus en plus le progrès de l'agriculture, qui est la base et l'avenir des nations.

En finissant, je dirai un petit mot sur le perfectionnement des instruments aratoires devenus aujourd'ui d'un si puissant secours, mais plus particulièrement encore sur les charrues servant à défoncer les terres, qui, bien que compliquées manquent encore de perfectionnement.

Telle est, Messieurs, la tâche que j'ai essayé de remplir en cherchant à contribuer sur différents points au progrès de l'agriculture par quelques aperçus nouveaux et par des résultats particuliers d'expérience et d'observation. Heureux si mes efforts sont couronnés de quelques succès! Mille fois plus heureux encore, si par la connaissance que je donne de certains procédés, je puis en quelque sorte rendre moins pénibles et en même temps plus prospères les travaux agricoles sans lesquels notre existence serait sans secours.

Et vous, grand et digne Empereur des Français! Vous, qui depuis votre avénement au trône, contribuez si puissamment à rendre l'agriculture de plus en plus prospère! vous le soutien des pauvres, l'espérance des malheureux, vous, dont le souvenir seul agrandit l'âme, souffrez que je vous offre un faible opuscule de ce que vous avez si bien protégé, que je dépose à vos pieds ce fruit de mes travaux et de mes recherches, comme un faible mais pur hommage de mon tendre et affectueux dévouement, de mon amour nxaltérable et éternel!!!.....

B. P. COUTTON.

PREMIÈRE PARTIE.

De la plantation de la vigne.

Tout le monde en général connait, ou du moins croit connaître, la manière dont on doit planter la vigne. Il est donc inutile d'insister sur son mode de plantation connu depuis des siècles, le seul qui ait été mis en usage jusqu'à ce jour.

L'expérience, la pratique et les bons effets que j'en ai retiré, m'ont appris aujourd'hui, que la vigne ne devait pas être plantée aussi profondément qu'on le faisait autrefois, et cela, par deux raisons que voici :

1° Le propriétaire vigneron qui fait planter dans son terrain une vigne en suivant la méthode ordinaire, n'ignore pas les dépenses excessives que cette plantation lui occasionne, soit pour préparer la terre, soit pour planter les ceps, dépenses qui ne sont pas toujours suivies de succès, si l'ouvrier chargé de la plantation travaille à prix fixe et s'il n'est pas constamment surveillé par le maître.

Cela est d'autant plus facile à comprendre, qu'on n'ignore pas que celui qui travaille à prix fixe, ne travaille point dans l'intérêt du maître, mais seulement dans son intérêt. Il cherche à avancer et à terminer son travail le plus tôt possible afin de gagner davantage, sans s'inquiéter beaucoup que les jeunes ceps de vigne qu'il est chargé de mettre en terre soient bien ou mal plantés, ce qui souvent est cause d'une mauvaise réussite ;

2° En second lieu, la vigne plantée en moyenne profondeur rapporte davantage et en bien moins de temps, comme il m'est facile d'en donner une preuve.

En 1860, je fis défricher un alluvion d'une contenance de deux hectares situé sur la rive gauche de la rivière appelée Bléone. Après avoir fait arracher les arbustes qui le couvraient en grande partie, je le fis drainer dans toute sa longueur pour faciliter l'écoulement des eaux pluviales dont cet alluvion était sans cesse inondé. Cette opération me réussit d'autant mieux, qu'en moins de trois semaines je pus sans peine y mettre la charrue.

A vrai dire, ce nouveau travail m'occasionna un peu plus de peine que les précédents, car, d'un côté, j'avais à arracher certaines racines qui avaient échappé à la pioche et de plus il fallait donner à mon terrain une façon convenable pour pouvoir le complanter. Je me mis donc à l'œuvre, et après avoir labouré mon terrain dans toute sa longueur à l'aide d'une forte charrue attelée de quatre chevaux, je repris la même opération en sens inverse, par ce moyen toutes les racines disparurent et mon terrain se trouva préparé.

Jusque là mon idée avait resté neutre sur le mode de plantation qui devait être le plus convenable. Réflexion faite, connaissant du reste la nature du terrain d'alluvion, je crus qu'une vigne était de toutes les plantations, celle qui devait le mieux réussir, et j'attendis avec impatience le retour du printemps pour mettre en œuvre mes ouvriers. A cet effet, après avoir marqué mes allées à deux mètres de distance l'une de l'autre, je mis de nouveau la charrue dans mon fonds, non pour y donner une nouvelle culture, mais pour ouvrir les tranchées qui devaient recevoir mes plants. Ayant  donc pris une largeur d'un mètre, je tournais avec ma charrue de droite et de gauche et terminais par le milieu afin d'obtenir par là une ouverture assez grande. Ensuite ayant mis mes chevaux les uns à la suitedes autres je retournai deux fois encore dans la même ouverture afin de pouvoir m'approfondir. Il ne me restait plus après cela qu'à faire donner par mes ouvriers un piochage suffisant pour mettre à niveau le sous-sol et déposer mes plants dans la terre, que je faisais ensuite enfouir, en y passant de nouveau avec la charrue. En opérant comme il vient d'être dit, il est aisé à chaque ouvrier de planter cent plants de vigne dans un jour. Notez avec cela, que cette manière de planter la vigne ne peut être applicable que dans les terres situées dans la plaine, attendu qu'il serait impossible d'exécuter un pareil travail dans un terrain situé en pente, gorge, etc. Il est bon aussi que les fosses destinées à recevoir les jeunes plauts de vigne soient ouvertes dans le courant de l'automne, et qu'elles restent aiusi jusqu'à l'époque de la plantation qui doit se faire vers la fin de l'hiver. La gelée ayant une action très-marquée sur la terre et la rendant plus meuble par le dégel cela influe beaucoup sur les jeunes plants qui végètent avec plus de force, attendu que la terre n'étant plus compacte facilite le développement des racines.

En résumé, la vigne croit partout, les terrains les plus ingrats sont souvent ceux où elle réussit le mieux surtout la vigne blanche, qui, par sa nature réussit d'une manière toute particulière et presque toujours dans les terrains où l'hiver règne davantage; aussi devrait-on la cultiver partout, mais plus particulièrement encore dans ces pays, pauvres pour la plupart, où elle deviendrait dans peu de temps d'une grande ressource.

De l'ébourgeonnement.

—

L'ébourgeonnement est un des travaux les plus nécessaires pour bien entretenir une vigne : il n'y a que la taille qui puisse suppléer à cette opération, car, d'un côté, il vaudrait beaucoup mieux ne donner qu'une simple façon à la vigne plutôt que d'éviter de l'ébourgeonner.

Dans bien des pays l'ébourgeonnement n'est pour ainsi dire pas connu, tandis que dans d'autres il est pratiqué avec zèle; seulement dans ces derniers, ils suivent encore l'ancien usage (comme je l'ai eu fait moi-même), qui consiste à ébourgeonner la vigne au moment de la floraison.

Ce système devenu pour ainsi dire général dans tous les pays vignobles où l'ébourgeonnement se pratique, est un des plus mauvais qu'on puisse suivre. C'est si je puis m'exprimer ainsi : *la perte presque totale de la vigne.* En effet, personne ne saurait ignorer qu'à l'époque de l'ébourgeonnement mentionné ci-dessus, la vigne, a atteint presque toute sa vigueur, de même que le gourmand, qui, quelquefois par son entier développement dépasse en longueur un mètre suivant la force de la vigne, ce qui est souvent cause qu'il est confondu avec les mères branches; il est par conséquent fort et dûr, et de plus il a épuisé en grande partie la souche.

Voyons à présent de quelle manière l'ébourgeonnement va se pratiquer, car c'est principalement ici que j'appelle toute l'attention du lecteur.

Pour l'ordinaire ce sont les femmes, qui, dans nos pays, sont chargées en grande partie de ce travail, et ce n'est pas sans peine qu'elles parviennent à supprimer une infinité de gourmands confondus en tous sens avec les mères branches, ce qui ne cesse d'occasionner des pertes très-considérables à la vigne. Il est facile d'en juger par la raison que voici :

L'ouvrière chargée d'ébourgeonner une vigne, procède à cette opération d'une manière très-grossière. Elle attrape d'abord le gourmand avec ses deux mains et elle ne parvient à le détacher de son cep qu'en vacillant de droite et de gauche sans faire attention que bien souvent elle entraîne avec lui les mères branches ou bien, encore cause des déchirures très-considérables à la vigne, ce qui dans ce cas l'affaiblit beaucoup et est cause que les raisins loin d'atteindre leur parfaite maturité se dessèchent ou ne mûrissent qu'à demi, de là les grappes sèches et de mauvaise nature que l'on trouve quelquefois en très-grand nombre à l'époque des vendanges et que l'on croit parfois être atteintes de l'oïdium, sans faire attention que ce manque de développement provient bien souvent de l'affaiblissement qu'a reçu la vigne au moment de l'ébourgeonnement.

Un autre fait non moins important et qui mérite d'être signalé, est celui-ci :

Outre les ravages que subit la vigne en ébourgeonnant comme il vient d'être dit, il reste encore un nombre infini de chicots qu'on ne parvient à détruire qu'avec peine en raison que le plus souvent ces chicots sont masqués par les mères branches, et échappent ainsi à l'œil de l'ouvrier qui, l'année suivante, les oublie au moment de la taille, et occasionne à la vigne un nouveau dommage qui égale en nature le premier. Je ferai connaître ci-après les détails nécessaires sur mon nouveau système d'ébourgeonnement, le temps et la manière d'ébourgeonner, de même que les résultats que j'en ai obtenus; mais avant d'entrer dans tous ces détails disons un mot sur l'échalassement.

De l'échalassement.

—

Les dépenses sans nombre jointes aux pertes qu'occasionne l'échalassement de la vigne dans presque tous les pays, sont les deux principales choses qui me déterminent aujourd'hui d'en parler d'une manière sérieuse. Ce n'est pas que je veuille proscrire à tout jamais ce mode d'entretien qu'on croit si utile à la vigne. Non, je veux seulement donner aux propriétaires une idée de la nullité de ce travail en leur faisant connaître d'une manière toute particulière les résultats funestes qui en ont été la suite pendant vingt années de pratique par moi-même, de même que ceux bien avantageux que j'ai obtenus depuis dix ans et que j'obtiens encore tous les jours en évitant d'échalasser.

Je fis faire, en 1848, quatre mille provins dans une de mes vignes, et l'année suivante, j'en fis planter une seconde contenant vingt-mille plants. Ce n'était point par intérêt comme beaucoup de propriétaires le font aujourd'hui que je faisais exécuter un pareil travail, vu qu'à cette époque le vin ne valait que 5 fr. l'hectolitre; mais plutôt pour remplir un devoir de charité, devoir que tout homme de cœur devrait remplir en pareille circonstance : celui de donner du pain à la classe ouvrière désœuvrée.

Cependant il fallut songer à échalasser ma vigne provignée, et pour cela il me fallait des échalas et il m'en fallait quatre mille. Venaient ensuite les ouvriers, attendu que je ne pouvais étant seul procéder d'une manière aisée à ce genre de travail qui demaude plus de soins que quelques-uns peuvent le croire; car sans m'arrêter au mode de plantation des échalas, il y a encore certaines conditions à remplir et qui méritent une attention toute particulière. Il est inutile d'énumérer ici tous ces détails en donnant un aperçu de ce qui conserne chaque chose en particulier. Je me bornerai seulement à faire l'analyse des dépenses que ce travail m'occasionna, de même que les résultats qui en furent la suite.

Abstraction faite des fatigues en tout genre que je fus obligé de me donner, ne tenant compte en un mot que des dépenses d'achats et de la main d'œuvre des ouvriers, la somme que j'eus à débourser après mon travail d'échalassement s'éleva à 215 fr. C'était peu de chose, si ma vigne, ainsi préparée, avait prévalu au tiers en plus de sa récolte comme par le fait je croyais en avoir la parfaite conviction. Je puis assurer néanmoins que ce n'est qu'en envisageant ce travail dans ses spécialités qu'on peut en apprécier les influences.

On sait que l'échalas servant de point d'appui à la vigne, facilite en quelque sorte le développement des branches qui quelquefois s'élèvent à une hauteur de quatre, cinq et même six mètres, de sorte que ne pouvant plus être soutenues par l'échalas lui-même elles se replient de nouveau jusqu'à la surface du sol. Il dérive de là, que l'échalas obligé de plier sous l'accumulation de son poids, se renverse au moindre vent, entraînant avec lui les jeunes branches chargées de fruit, qui, confondues les unes dans les autres et affaiblies déjà par de nombreuses secousses, ne parviennent à être redressées qu'avec beaucoup de peine et de nombreux dégats. Tel fut pour ma part le résultat de ce travail que j'avais entrepris avec tant d'ardeur, et que j'ai regardé depuis comme un agent défavorable à l'entretien de la vigne. Il est facile de conclure d'après ce qui vient d'être dit, que ma récolte au lieu d'être supérieure en fruit, se réduisit de plus de moitié en raison que les branches ayant été affaiblies, une grande quantité de raisins séchèrent sur leurs tiges.

A dater de cette époque, j'ai mis tout en œuvre pour suppléer à ce mode d'entretien de la vigne, et à force de soins et d'épreuves, je suis parvenu non seulement à y réussir, mais encore à faire fructifier et agglomérer ses produits.

On voit par là que l'échalassement au lieu d'être de quelque utilité à l'entretien de la vigne, tend tout à fait à lui devenir contraire.

Temps auquel on doit ébourgeonner et moyen d'éviter d'échalasser.

Après avoir donné à la vigne une culture convenable, rien ne saurait contribuer d'une manière plus ingénieuse à l'entretien et à la production de son fruit que l'ébourgeonnement. Mais pour remplir exactement ce but, il est indispensable de faire connaître l'époque à laquelle on doit procéder à ce travail, de même que les causes qui s'y rattachent. Pour cela, il ne faut pas comme on le fait encore aujourd'hui, attendre que la vigne soit en fleurs ; mais il faut veiller avec soin à son premier développement, et lorsqu'on voit que les bourgeons ont atteint une longueur de 0 m. 05 cent. on doit procéder à l'ébourgeonnement.

. Ce travail devient dès-lors très-facile, en raison que l'ouvrier n'étant point encombré par les mères branches, s'acquitte de sa tâche avec soin, comme il n'opère que sur les jeunes tiges, il lui est facile au premier coup d'œil de voir celle qui doivent être supprimées. Il peut alors procéder à ce travail de la manière la plus aisée, par la raison que les bourgeons sur lesquels il opère, n'ayant presque point de ténacité, se détachent aisément de leurs ceps, ce qui facilite l'opération. Du reste, il n'y a qu'à prendre le bourgeon sur lequel on opère avec le pouce et l'index et l'opération est terminée.

Il résulte de là, qu'en examinant chaque cep de vigne en particulier, aucun des bourgeons qui doivent être supprimés ne peut échapper à l'œil de l'ouvrier, et de plus, aucune plaie, aucune déchirure capable de nuire à la vigne ne peut lui être occasionnée. C'est alors qu'on voit se développer d'une manière puissante et avec une vigueur extraordinaire les branches destinées à la production du fruit, en raison que toute la force de la vigne lui est transmise.

Il ne faut pourtant pas croire que tout soit terminé et que la vigne après avoir reçu cette première opération, puisse être abandonnée aux seuls soins de la nature! S'il en était ainsi, aucun des résultats susceptibles de pourvoir, ni d'agglomérer ses produits ne pourrait avoir lieu. Pour arriver à ce but, il est très-important de veiller avec soin au développement des branches, jusqu'à ce qu'on voit qu'elles aient atteint la longueur de six feuilles au-dessus du plus haut raisin, ce que l'on reconnaît sans peine attendu qu'arrivée à ce point la branche forme un fil. Tout ce qui pousse au-dessus ne saurait être que des grappes de mauvaise nature et ne pouvant arriver à leur point de maturité. Pour lors, voici les conditions que l'on a à remplir :

La mère branche arrivée au point d'accroissement ci-dessus indiqué, c'est-à-dire après qu'elle a atteint la longueur de six feuilles au-dessus du plus haut raisin, qui est celle où le vent serait succeptible de l'endommager, l'ouvrier doit prendre une serpette ou un ciseau servant à tailler les arbres, et au moyen de cet instrument, il supprime les quatre premières feuilles, c'est-à-dire qu'il coupe la branche de vigne au-dessus du plus haut raisin suivant la nature du plant. Par cette opération la branche se fortifie en épaisseur et les quelques bourgeons qui se trouvent au-dessus prennent une consistance solide et forment ce qu'on appelle, *le couronnement de la vigne.* Il n'est plus nécessaire alors d'employer les échalas pour soutenir les branches. La vigne ainsi écimée prend une nouvelle forme à peu près semblable à celle d'un vase rond, et le vent le plus fort ne peut en aucune manière lui être nuisible. Je dois faire observer néanmoins (ce qui est d'une très-grande utilité) que l'ouvrier chargé d'écimer la vigne, ne manque point de supprimer les gourmands qui pourraient parfois être survenus après l'ébourgeonnement et qui sont toujours nuisibles.

Des avantages qu'on retire de la vigne après ce travail.

Les avantages qu'on retire de la vigne ainsi préparée sont trop importants, pour éviter de les faire connaître.

En effet, attacher les hommes à la culture de la vigne et à l'agriculture en leur en faisant connaître tous les avantages, n'est-ce pas leur procurer un bien être général auquel ils aspirent depuis si longtemps? « La Patrie (comme l'a dit un auteur), devrait inscrire avec reconnaissance parmi les bienfaiteurs de l'humanité les noms de ceux qui se dévouent au progrès agricole. » Mais sans m'arrêter plus longtemps sur un sujet si intéressant, je vais en publier les résultats.

Au moyen du pincement tel qu'il vient d'être dit on empêche la vigne de couler, ou en d'autres termes, que le raisin se dessèche sur la branche, par la raison qu'ayant arrêté la végétation la force se porte toute sur les grappes, qui, tout en doublant leur produit ne manquent jamais de réussir.

L'expérience m'a en outre démontré, que comme l'homme qui depuis longtemps souffre de quelque douleur dans l'un de ses membres, s'il vient à tomber malade, la force du mal se porte plus particulièrement encore sur la partie sensible; de même la vigne, après avoir reçu cette opération, tout le mal se porte sur les grappes de mauvaise nature qui surviennent parfois entre les deux feuilles au-dessus desquelles on a écimé la branche.

Cependant, je ne veux point donner pour certain qu'au moyen de ce procédé, on puisse faire disparaître d'une manière complète ce terrible *oïdium*, qui, de même qu'un fléau dévastateur désole depuis si longtemps nos vignes. Certes ! s'il en était ainsi, je pourrai contribuer, ce me semble, pour une large part au progrès de la science, mais une pareille découverte ne peut naître de ma simple pratique, et il n'est pas en mon pouvoir de faireconnaître les moyens spécifiques pour combattre une maladie qui a tant fait de mal, lorsque la chimie elle-même avec ses nombreux produits n'a pu en découvrir encore l'antidote. Néanmoins, ce que je puis donner pour certain, c'est que depuis dix ans que j'emploie ce moyen, mes récoltes en vin ont toujours réussi, et mes vignes n'ont cessé depuis de me donner une quantité prodigieuse de beaux et bons raisins. L'expérience et donc certaine.

De l'emploi des marcottes pour élever facilement des vignes sur souche.

Un des premiers avantages pour arriver facilement à élever des vignes sur souche est l'emploi des marcottes. Par elles on parvient à supprimer un des vers rongeurs de notre culture : le *provignage*, opération toujours nuisible à la vigne, tant au point de vue de son avenir qu'à celui de sa production. Un second avantage de la suppression du *provignage*, inconnu dans un grand nombre de vignobles, est qu'elle entraîne par hectare sur des dépenses annuelles avec une économie moyenne de 100 à 150 au plus, selon le nombre de provins. J'ai tout lieu de croire, comme l'a dit M. Escalier, dans un journal d'agriculture, « que l'emploi des marcottes et la suppression du *provignage* pénétrera, comme tant d'autres améliorations de ce genre, malgré les barrières de la routine, dans tous les centres vignobles, là, où on croit avoir poussé à son apogée la culture de la vigne, et où avec une incroyable présomption on croit toujours à donner et jamais à recevoir des conseils. « Qu'il me soit donc permis de faire connaître le mode de plantation des marcottes que je crois le plus utile pour arriver dans peu de temps à un bon résultat.

Selon les uns, la nature du plant aurait évidemment une influence marquée sur la végétation. Cela est vrai, car de tous les cépages de vigne, il y en a dont la végétation est moins vigoureuse. J'ai remarqué, en effet, que les marcottes de plant de certaines vignes plantées dans un même endroit et ayant reçu les mêmes soins, présentaient des talles généralement plus longues les unes que les autres; mais ce qu'il est important d'examiner dans ces

sortes de plantations en dehors de la nature du plant, c'est la richesse du sol et la manière de planter.

On ne saurait nier en effet l'influence de la richesse du terrain sur la reprise et la végétation de la bouture, puisque cette dernière trouve à s'assimiler en plus grande quantité les sucs qui lui conviennent. Il est donc indispensable autant que possible pour mettre des marcottes en bouture, de choisir un terrain bon et léger; car l'émission des racines et leur développement se fera d'autant mieux que la compacité du sol leur offrira moins de résistance.

Voici la manière de procéder :

Il faut après avoir donné à votre terrain une bonne culture, choisir dans une vigne les branches les plus droites et les mieux faites, les prendre une à une et les couper d'une longueur égale à 0,50 ou 0,60 centimètres en ayant soin de laisser dans la partie qui doit être mise en terre une longueur de 0,03 centimètres en-dessous du bourgeon; car c'est dans l'œil du nœud que poussent les racines. Cela fait, vous prendrez un piquet au moyen duquel vous ferez un trou dans votre terrain et d'une profondeur égale à 0,30 centimètres; vous y mettrez vos plants par rangées en ayant soin de les planter droits, sans être inclinés ni d'un côté ni d'autre, et à une distance de 0,08 les uns des autres. En plaçant vos plants droits, vous évitez la rupture d'un certain nombre; ensuite les conditions physiologiques étant meilleures, la bouture végétera d'autant mieux que la perméabilité du sol procurera aux racines un développement plus facile et plus prompt. A toutes les six rangées vous laisserez un espace assez large pour ouvrir une tranchée d'une profondeur analogue à celle de vos plants, et qui devra rester ouverte, afin que l'eau filtrant dans l'intérieur du terrain puisse en alimenter les racines. Vous obtiendrez par ce procédé des marcottes magnifiques, et vos plantations ne manqueront jamais de réussir. Un autre avantage non moins important dans ce mode de plantation est celui-ci : Bien que les marcottes aient pour but principal de supprimer le *provignage*, il peut se faire néanmoins (ce qui est rare), que vous soyiez obligé d'y revenir; mais alors vous aurez cet avantage qu'au lieu que dans les anciennes plantations vous ne pouviez plier la souche que d'un côté, vous pourrez dans celles-ci la plier soit d'un côté, soit de l'autre, ce qui dans ce cas est fort indifférent. Il sera bon aussi de veiller avec soin au développement des marcottes nouvellement mises en bouture, afin d'en supprimer tous les bourgeons formant la première végétation, à l'exception des trois supérieurs qui agissent toujours avec plus de force.

Des soins à donner aux vignes nouvellement plantées pendant les premières années.

—

Bien que tous les propriétaires ne soient pas d'accord sur ce point qui est l'un des plus essentiel, et qu'un grand nombre ne donnent aucune culture à la vigne nouvellement plantée durant le cours de la première année, je suis bien loin d'être de leur avis, et, en cela, d'accord avec l'expérience, je soutiens avec raison que c'est principalement à cette époque que la vigne demande le plus de culture. En effet (et je m'adresse principalement à ceux qui trouvent que tout est mal, à part ce qu'ils font eux-mêmes), y aurait-il quelqu'un parmi le nombre d'assez habile pour me prouver que ce n'est pas des vertus morales, qui ont pour principe les seules lumières de la raison que dépendent les bonnes mœurs, et que ce n'est pas des premiers principes que dépend une bonne éducation?..... Pardon si en posant cette hypothèse je m'écarte en quelque sorte de mon sujet!... Répondez, je vous écoute... Et quel serait l'homme savant ou ignorant, agriculteur, cultivateur, horticulteur ou vigneron, qui viendrait me dire que ce n'est pas des soins qu'il a donné dès le principe à tel arbre ou à telle plante que dépend et sa croissance et sa beauté, et sa fructification?... Si un homme quel qu'il fût venait me contester cet axiôme, je lui répondrai qu'il est fou, et, en effet, il le serait. Il faut donc pour qu'une plantation puisse réussir et arriver à un bon résultat, ne rien négliger pour lui assurer une bonne culture, et, de plus, examiner le temps le plus favorable pour la pratiquer avec soin. Ce temps, le voici :

Lorsque vous vous appercevrez que les jeunes plants de vigne, commencent d'entrer en végétation, c'est-à-dire lorsqu'ils auront donné naissance aux quatre premières feuilles du bourgeon, vous leur donnerez une première culture. La seconde aura lieu au moment où la branche commence à former un fil, car c'est dans ce même moment que s'opère le développement des racines.

Ces deux cultures, que quelques-uns peut-être mal entendus dans la culture de la vigne regarderont comme indifférentes, sont cependant les deux principales causes qui facilitent la végétation, et d'où émane toute la force souvent tardive des bons plants.

De l'entretien de la vigne en général.

—

Pour entretenir avec soin une vigne, il y a encore, outre les moyens déjà connus, certaines applications que je ne dois point omettre et au moyen desquelles on peut retirer de très-bons avantages.

A l'époque où l'on cultive la vigne (ce qui d'ordinaire a lieu dans le mois de février) chaque propriétaire doit laisser entre les deux lignes qui forment ses allées, des petites fosses qui doivent rester ouvertes pendant la saison d'été et destinées à recevoir les mauvaises herbes que l'on sarcle, telles que lavande, chardon, chiendent et autres dont la végétation est susceptible parfois de nuire à la vigne. De plus, afin de donner à la vigne plus de force et faciliter d'une manière prodigieuse le développement des racines, il faut la tailler immédiatement après les vendanges, attendu qu'à cette époque les branches sont encore pourvues de toutes leurs feuilles.

On les dispose alors en fagots comme on le fait aux mois de février et mars. Cela fait, on ouvre avec une charrue servant à défoncer, et à une distance de 1 mètre à partir du pied de la souche, deux sillons de 0,40 centimètres de profondeur disposés en long de chaque côté de l'allée. On prend les fagots encore pourvus de toutes leurs feuilles, et on les dépose le long de chaque sillon en ayant soin de les placer convenablement les uns à la suite des autres, après quoi on les enfouit avec une pioche pour mieux aplanir le terrain. Personne ne saurait se faire une idée en considérant ce travail dans un sens purement physique, de quelle manière il influe sur l'action productrice de la vigne. Les fagots ainsi placés, tiennent la terre en suspens et facilitent le développement des racines dont la force se porte alors sur les branches, ce qui donne à la vigne plus de force et contribue beaucoup à la rendre plus féconde. Il n'est pas nécessaire comme quelques-uns peuvent le croire, de réitérer chaque année ce travail. La vigne ainsi préparée ne cesse de prospérer pendant six années consécutives; ce temps expiré, il est nécessaire de recommencer la même opération. Il ne faut pourtant pas croire avec cela que durant cette espace de temps la vigne soit exempte de toute culture. Le moyen que je viens de donner a pour but principal comme je l'ai dit plus haut, de faciliter le développement des racines et en même temps de la souche, qui devient dès-lors plus productive, et non d'en interdire la culture.

A propos de ce qui vient d'être dit, il me reste une dernière observation relativement à la taille, elle a son importance.

Beaucoup de personnes s'imaginent qu'on ne doit point tailler la vigne après les vendanges, attendu, disent-elles « que les branches encore pourvues de toutes leurs feuilles ne sont pas mûres. » Je suis fâché de répondre à ceux qui raisonnent ainsi qu'ils sont peu experts dans le métier, et qu'ils n'ont pas comme moi consacré leur vie à la culture et à l'entretien de la vigne. Le seul inconvénient que j'ai trouvé moi-même (si toutefois on peut l'appeler ainsi) en taillant mes vignes à cette époque, c'est d'en avoir retiré de très-grands aavntages. Du reste, il n'est besoin si l'on veut de renouveler cette taille que toutes les fois qu'il s'agit de donner de la forceà la souche.

Après avoir fait connaître d'une manière particulière et purement pratique, les institutions nécessaires concernant la culture et l'entretien de la vigne, je veux, en finissant cette première partie, dire un mot sur l'immense quantité que beaucoup de propriétaires arrachent ou font arracher par suite de maladie. Je ne prétends pas pour cela que le moyen que je vais indiquer puisse être applicable à toutes les vignes, et plus particulièrement encore à celles qui datent de plus d'un siècle. On tomberait indubitablement dans l'erreur en ajoutant foi à une pareille croyance : il est impossible de rendre jeune et vigoureux quelque chose que le temps a détruit et qui tombe en vétusté. Mais ce qu'il est néanmoins possible de faire, et ce qu'on ne fait pas, c'est que beaucoup de propriétaires arrachent des vignes encore jeunes atteintes d'oïdium, et qui pourraient donner dans la suite de nombreuses récoltes.

Pour lors, voici les conditions qu'il y a à remplir dans le cas où une vigne a encore assez de vigueur et qu'elle n'est arrachée que par cause de maladie.

Il faut prendre une pioche au moyen de laquelle

vous déterrez le pied de la souche jusqu'à ce que vous ayiez trouvé le bois franc. Cela fait, il faut vous pourvoir d'une quantité suffisante de bons greffes, c'est-à-dire d'une qualité qui n'ait point encore été atteinte du mal, et vous greffez vos souches sur pied. Ce système ne manque jamais de réussir et donne au bout de trois années une vigne nouvelle, exempte de maladie et en tout productive. L'opération est peu coûteuse et mérite d'être appliquée.

FIN DE LA PREMIÈRE PARTIE.

DEUXIÈME PARTIE.

Du vin en général.

Le bon vin est l'ami du cœur
et le soutien de la vie.

Le mot vin, dérive du latin *vinum* et du grec οινος; c'est cette liqueur qui résulte de la fermentation du jus des raisins lorsqu'on en écrase les grappes. Le suc qui s'en écoule est alors doux et sucré, c'est ce qu'on appelle *moût*. Quelques personnes le boivent dans cet état, attendu qu'il est doux et agréable à boire. Je n'entrerai pas dans le détail des différentes espèces de vins, je me bornerai seulement à faire connaître ses bonnes ou mauvaises qualités; je dirai que bu en petite quantité, c'est la boisson par excellence et la plus ordinaire de presque toutes les classes de la société. Le vin réjouit le cœur de l'homme, a dit l'Écriture. *Vinum lætificat cor hominum.* Pline (lib. XIV, chap. 6), dit que l'impératrice Livie, femme de Tibérius-Claudius Nero et plus tard d'Auguste, qui mourut dans un âge très-avancé, l'an 29 de notre ère, attribuait sa grande vieillesse au fameux vin de Pucin dont elle faisait usage. Les anciens se couronnaient de fleurs pour vider les coupes de leurs vins fameux de Falerne et de Lesbos. Horace a chanté les vins exquis de la grèce et de l'Italie. Cependant, pris en grande quantité le vin agit sur l'immagination, exalte les facultés intellectuelles, ruine l'estomac, fait disparaître l'appétit, affaiblit les sens et cause de grands ravages au corps. C'est sans doute à cause de ces raisons que Platon en défendait l'usage à la jeunesse, Aristote aux nourrices, Mahomet à ses sectateurs et Pline (lib. XIV;) assure qu'on l'interdit aux femmes romaines à cause des désordres auxquels il donna lieu. Quoiqu'il en soit, le vin, pris modérément facilite la digestion, fortifie l'estomac, augmente la chaleur, donne du ton aux organes et de la vivacité aux membres. Dans toutes les contrées vignobles l'habitude d'en boire en fait éviter les excès. Les médecins le prescrivent eux-mêmes aux malades convalescents, lorsqu'il n'existent pas de symptômes inflammatoires; c'est sans doute pour réparer les forces de l'estomac toujours languissant dans ce cas et le retour à la santé. En effet, quoi de plus propre à soutenir les forces, ranimer le courage abattu, dissiper le chagrin, donner de la joie, que le bon vin?

L'homme accablé par le travail et les fatigues d'une journée pénible, sent de nouveau et comme par enchantement renaître sa gaité sous l'influence bienfaisante de ce nectar divin. Le soldat le plus lâche devient alors un guerrier intrépide. L'homme en un mot accablé de tristesse, dévoré de chagrin par quelque fâcheux souvenir, à peine a-t-il goûté cette aimable liqueur, qu'il sent renaître dans son cœur un rayon d'espérance et oublie pour un instant ses douleurs à venir. Mais avec cela, pour que le vin soit salutaire au corps de l'homme, il importe qu'il soit bon, ce qui malheureusement ne se rencontre pas toujours, surtout chez les marchands de vins. En effet, la duplicité chez ces derniers les porte à composer des vins de toutes pièces, sans raisin, en mettant dans des décoctions de fleurs de sureau, de sclarée, de sauge, de l'alcool et de l'ivette, etc.

A toutes ses substances dont quelques-unes renferment en elles certains principes délétères, et dont le mélange ne peut qu'être nuisible à la santé de l'homme, viennent se joindre encore, les baies de sureau, de torëne, de phytolacca, de myrtile, de mûres, de betterave, de bois d'Inde, etc., etc. Le tout réuni forme du vin un poison. La police malgré la surveillance la plus active, a bien de la peine à déjouer ces coupables manœuvres, surtout dans les grandes villes, telles que Paris, Lyon et autres où l'on peut dire qu'un vin naturel est chez les marchands une chose très-rare.

Pour être convaincus de ce que j'avance, on n'a qu'à jeter les yeux sur l'excellent mémoire composé à ce sujet par M. Deyeux, dont la réputation est bien connue. Une fourberie encore plus terrible et que je ne dois point omettre, est celle qui consiste à adoucir les vins aigris, qui est le défaut le plus fréquent de ceux qui sont faibles, en ajoutant dans ces vins de la céruse, de la litharge, et autres préparations plombagines. De là les coliques métalliques, la paralysie des membres et les véritables empoisonnements.

Il serait bon pour réprimer de pareils abus, que la loi infligeât aux délinquants les peines relatives aux cas d'empoisonnements. Mais, si d'un côté, il est presque impossible de mettre fin à ces désordres, efforçons-nous du moins de ne pas en devenir les victimes.

Les divers procédés que je vais mettre sous les yeux de mes lecteurs pour l'entretien, la conservation et le rétablissement des vins, ne sont en aucune manière susceptibles d'être nuisibles. On ne trouvera dans aucune des recettes que je vais donner, nulle substance capable de nuire à la santé de l'homme. Que Dieu me maudisse, que la loi me condamne s'il en est autrement, et si je contribue en quelque chose succeptible de nuire à la santé de mes semblables!!!

De l'analyse du vin, sa décomposition, sa conservation, son rétablissement.

—

L'analyse du vin a été faite par différents chimistes et il serait trop long de faire le résumé de tous les produits qu'on y trouve, je me bornerai donc à en faire l'analyse en général, en faisant connaître les trois parties principales dont le viu est composé, savoir : la partie alcoolique, la partie aqueuse et la partie sucrée.

Tout le monde, en effet, sait que le vin contient de l'alcool, de l'eau et du sucre (1). Le vin qui par sa nature contient beaucoup d'alcool, n'est pas susceptible à se décomposer ; mais il peut quelquefois devenir aigre de même que celui qui est beaucoup sucré. Il n'en est pas ainsi du vin faible où la partie aqueuse domine : ce vin peut facilement se décomposer, aigrir et se corrompre. Les vins qui contiennent beaucoup d'eau, sont ceux qu'on récolte ordinairement dans les bas-fonds ; ces vins renferment ordinairement par leur nature, le vingt pour cent de principe aqueux. Leur différence varie beaucoup avec ceux que fournissent les côteaux exposés au midi qui sont pour l'ordinaire très-liquoreux et ne renferment guère par leur nature que le quatre ou le cinq pour cent du même principe. Les vins qui contiennent au-dessus du dix pour cent

---

(1) La rareté du sucre pendant la durée du blocus continental fit rechercher ce principe dans bien des végétaux, la saveur du raisin y ayant démontré son abondance, on s'en occupa avec soin, et en effet on l'y trouva très-abondant : mais on ne parvint à l'obtenir qu'en grains non cristalisés malgré le prix d'un million offert par Bonaparte.

de principe aqueux sont très-susceptibles de se décomposer pendant la saison d'été. Le moyen que je vais donner ci-après pourra servir de guide contre la décomposition des vins.

Moyen facile pour reconnaître si un vin doit se décomposer, et moyen de l'en empêcher et de le rétablir.

Le moyen le plus simple pour connaître si un vin doit se décomposer est celui-ci : Prenez un verre que vous remplissez à moitié du vin dont vous voulez faire l'essai, mettez-le pendant vingt-quatre heures dans un lieu aéré et exposé à toute la rigueur du soleil : vous le retirez alors pour l'examiner avec attention. Si votre vin n'a subi aucun changement, vous pouvez être assuré qu'il ne se décomposera point, si au contraire il est devenu trouble ou que la couleur soit fortement altérée vous êtes sûr qu'il se décomposera, attendu qu'il est faible. La même opération doit être répétée quatre fois durant le cours de l'année, c'est-à-dire à chaque changement de saison. Dès-lors, afin d'en prévenir la décomposition on doit opérer comme il suit.

Prenez :

Alcool provenant du vin.	4 litres.
Poudre d'Iris de Florence. . . .	2 onces.
Sel blanc de cuisine pilé.	250 gra^mes

Mettez le tout dans un lieu à part, après quoi vous cassez deux douzaines d'œufs frais et après en avoir séparé le jaune, mettez l'albumine, c'est-à-dire la glaire et la coquille réunis dans un plat; brisez cette coquille avec les mains et battez fortement le mélange. Cela fait, vous y incorporerez l'alcool, la poudre d'iris et le sel blanc commun, vous battrez bien le tout et le verserez ensuite dans le tonneau, en ayant soin, cette opération terminée, de fouetter vigoureusement votre vin durant l'espace de trente minutes. Vous vous servirez pour cela d'une spatule de bois en forme de pelle, et au milieu de laquelle vous aurez pratiqué plusieurs ouvertures afin que le vin passant au travers puisse fortement se mélanger. Alors vous laisserez reposer votre vin pendant une heure, après laquelle vous boucherez exactement votre tonneau à l'aide de son couvercle et le laisserez ainsi pendant l'espace de vingt-quatre heures, au bout duquel temps vous achéverez de le remplir et le boucherez ensuite avec le ciment d'usage afin de le conservsr, observez toutefois qu'il est indispensable de le soutirer de nouveau au bout d'un mois. Le vin sur lequel vous aurez ainsi opéré, n'est plus susceptible d'aucun changement et au bout d'un certain temps il devient en tout semblable par sa saveur et son goût, à un vin de première qualité.

Le moyen que je viens de donner est applicable à dix hectolitres, néanmoins il peut servir de guide pour opérer sur une quantité moindre que celle ci-dessus mentionnée.

On peut aussi faire usage du même procédé, toutes les fois qu'il s'agit d'enlever au vin certain mauvais goût, soit du fût ou autre; mais alors il est nécessaire d'ajouter aux substances déjà connues, cinq citrons de bonne qualité que vous suspendrez au moyen d'une ficelle au couvercle du tonneau en ayant soin toutefois d'y joindre une petite pierre pour empêcher les citrons de surnager au-dessus et de plus doubler la quantité de l'iris de

Florence. Au bout d'un mois, il est indispensable de soutirer ce vin et le transvaser dans une autre pièce qu'on aura préparé pour cet usage. Vous enlèverez alors les citrons et boucherez exactement le tonneau après l'avoir bien rempli. S'il restait encore quelque peu de mauvais goût, il faudrait dans le même espace de temps le soutirer une seconde fois.

Observation.

Ce premier procédé que je viens de donner, peut être regardé comme un préservatif infaillible contre la décomposition des vins. Il peut donc devenir d'un grand secours aux propriétaires vignerons susceptibles parfois à de nombreuses pertes. Il en est tellement ainsi, que dans bien des localités où j'ai été appelé pour rétablir certains vins, j'ai entendu dire par les individus eux-mêmes chez qui j'étais demandé : « Grâce à votre procédé, sans quoi cette année encore, tout mon vin était perdu! » Il n'est pas rare en effet, de voir dans des pays vignobles tels qu'on en trouve dans les départements du Var, de l'Hérault, des Bouches-du-Rhône, de Vaucluse, etc., etc., bon nombre de propriétaires perdre annuellement des cinquante, cent, deux cents, trois cents et même mille hectolitres de vin. Ces pertes sont énormes!... ce sont le plus souvent le salaire de toute une année de travail et de fatigues ; le pain de toute une famille, le revenu d'une ferme, le travail des ouvriers ; tout en un mot jusqu'à l'État, contribue à ces nombreuses pertes qu'on peut sans peine prévenir au moyen de mon procédé.

Deuxième observation.

—

En 1856, je fus appelé à Manosque pour visiter certains vins dont on craignait la décomposition. Durant mon séjour dans cette ville, l'une des plus riches de notre département et en même temps des plus productives en vin, M. D..., maître d'hôtel que toutefois je n'avais pas l'honneur de connaître, me fit appeler chez lui par l'intermédiaire d'un de mes amis M. A.... afin de me consulter.

Arrivé chez lui, je fus bien étonné lorsque après m'avoir questionné assez longtemps sur le rétablissement des vins, il finit par me dire, qu'il en avait une pièce dans sa cave sur laquelle j'aurais à opérer, que cette pièce ne contenait point un vin du pays mais un vin étranger (du Bordeaux). Je répondis alors à M. D.... que n'ayant jamais opéré que sur des vins communs, je n'étais point sûr de réussir et qu'en quelque sorte je doutais si le même moyen pourrait servir pour rétablir un vin étranger. D'après la réponse de M. D.... dans laquelle je compris que quand même je ne réussirais pas, il lui était néanmoins impossibble de retirer aucun profit de son vin, je crus bon d'en faire pour la première fois l'expérience qui fut accompagnée d'un très-bon succès. En effet, quel ne fut pas mon étonnement quand au bout d'un certain temps, M. D..., se trouvant de passage chez moi à Malijai, vint me complimenter et me dire que le vin sur lequel j'avais opéré était aussi bon qu'à l'époque où il l'avait reçu. Je conclus de là, que je pouvais opérer sur le Bordeaux, aussi bien que sur les vins communs, et à dater de cette époque les nombreuses expériences que j'ai eu occasion de faire m'ont assuré un succès complet.

Préparation des tonneaux et moyen de prévenir la décomposition des vins.

—

Il arrive assez souvent suivant les années, que les vins sont plus susceptibles de se décomposer; c'est ce que le propriétaire doit connaître et observer. Cela arrive surtout lorsque le climat varie durant l'été et que les raisins ne parviennent qu'avec peine à leur point de maturité. Les vins, durant ces années, sont peu ou point sucrés et n'égalent jamais en raison de leur infériorité, ceux qu'un climat chaud et sec a fait parvenir à leur parfaite maturité.

Pour rémédier à ce manque de liqueur et donner à ces vins un goût sucré qu'ils n'ont pas, beaucoup de personnes font usage de la mélasse. Ce procédé outre qu'il est dispendieux ne saurait être que mauvais, attendu que la mélasse ôte au vin sa clarté et son goût. Le moyen que j'emploie moi-même est plus facile et bien supérieur à celui déjà connu. Il faut après que vous aurez lavé et nettoyé vos tonneaux de manière à ce qu'ils soient propres à recevoir votre vin (et cela dans les deux jours qui précéderont le remplissage de vos piéces) prendre pour un tonneau de dix hectolitres, quatre-vingts litres de moût de raisin de bonne qualité que vous ferez bouillir jusqu'à réduction de moitié. Cela fait, vous ajouterez à ce moût deux coings coupés par morceaux, un peu de cannelle et quelques clous de girofle. Vous verserez alors cette liqueur très-chaude dans votre tonneau, et aurez soin de le boucher exactement pour empêcher à la vapeur de s'échapper. Au bout de douze heures d'infusion, c'est-à-dire après que votre tonneau aura été parfumé et avant d'y mettre votre raisin ou votre vin, vous ajouterez à ce mélange quatre litres d'alcool et laisserez le tout fermenter ensemble. Vous remplirez alors votre pièce et aurez soin de soutirez votre vin comme d'usage après la cuvaison. Si

vous voulez le conserver pendant l'été, vous le soutirerez de nouveau en pleine lune de mars par un temps sec, attendu que le vin dépose et fermente et il serait par là susceptible de se troubler. Le vin ainsi préparé peut se conserver très-longtemps sans rien craindre, soit pour sa décomposition, altération, aigreur, etc. Toutefois, il est bon d'observer que l'air étant l'ennemi du vin, et agissant d'une manière défavorable pour sa décomposition, il ne faut point manquer de boucher exactement vos tonneaux et de les *ouiller* tous les quinze jours.

Moyen très-simple pour dégraisser les vins.

Prenez des raiforts ou des raves que vous raclerez avec un couteau et que vous mettrez ensuite dans le tonneau qui contient votre vin, après quoi vous aurez soin de bien agiter le mélange comme il a été dit précédemment avec une spatule de bois et au bout de quinze ou vingt jours vous le soutirerez comme d'usage.

Observation sur les vins tournés.

Lorsqu'un vin tourné est déjà un peu avancé et que la couleur est fortement altérée, le meilleur moyen pour pouvoir le remettre encore en bon état consiste à le faire passer une seconde fois à la cuve. Pour cela, on choisit le moment où les raisins qu'on a foulé sont en ébulition et on fait rentrer le vin dans les proportions d'un quart; si la quantité est plus grande, on peut faire entrer quelques litres d'alcool.

Moyen de préparer les tonneaux neufs avant de les remplir de vin.

—

Les tonneaux neufs destinés à recevoir le vin, doivent être lavés, d'abord avec une eau salée, ensuite imbibés avec une petite quantité de vin cuit, et finalement séchés avec le soufre, mais cette méthode quoique bonne, a l'inconvénient d'altérer la couleur des vins rouges ; c'est pourquoi, on doit lui substituer les moyens suivants :

Jettez au fond de votre tonneau une très-petite quantité d'eau-de-vie, que vous allumerez à l'aide d'un cordon enflammé, en ayant la précaution de tenir la main sur la bonde, qui ne doit pas être hermétiquement fermée.

M. le comte Chaptal, dans *L'art de faire les vins*, donne, les préceptes suivants, sur le même objet :

« 1° Lavez votre tonneau avec de l'eau froide, puis mettez-y une pinte d'eau salée et bouillante une demi livre de sel est la dose ordinaire pour un tonneau de deux cent quarante litres), bouchez-le, et agitez-le en tous sens, videz-le et laissez bien écouler l'eau. Ayez ensuite une ou deux pintes de moût qui fermente, et jetez ce liquide bouillant dans le tonneau, bouchez, agitez et faites couler.

« 2° On peut substituer du vin chaud aux préparations ci-dessus.

« 3° On peut encore employer une infusion de fleurs et de feuilles de pêcher.

« En Bourgogne, on met le vin nouveau dans des tonneaux neufs. Quelques particuliers les lavent avec de l'eau chaude et des feuilles de pêcher ou de noyer. Cette méthode a l'avantage d'imbiber le tonneau et d'épargner une bouteille de vin.

Autre moyen pour enlever aux futailles le goût du moisi.

Il faut pour cela, faire dissoudre dans une quantité d'eau tiéde formant environ la seizième partie de la capacité du tonneau, quatre livres de sel de cuisine et une livre d'alun de commerce ; mettez dans cette eau de la bouse de vache très-fraîche, c'est-à-dire au moment où elle sort du corps de l'animal, et délayez cette bouse jusqu'à ce qu'elle forme un liquide capable de passer facilement par un gros entonnoir ; mettez le tout alors sur le feu dans un chaudron, et chauffez presque jusqu'à l'ébullition, en ayant soin de remuer continuellement avec une spatule de bois ; vous verserez alors la liqueur bouillante dans le tonneau, bouchez-le fortement et agitez-le pendant l'espace de cinq à six minutes de la même manière que lorsqu'on veut rincer une barrique. De deux en deux heures agitez de la même manière et pendant le même temps. Cela fait, ayez soin, après l'agitation, de déboucher le bondon : vous verrez alors s'exhaler aussitôt au-dehors du tonneau des vapeurs épaisses ayant une forte odeur de moisi. Vingt-quatre heures après cette première opération, rincez le tonneau jusqu'à ce que l'eau soit parfaitement claire. Pendant cette opération, vous ferez chauffer de l'eau dans laquelle vous mettrez deux livres de sel de cuisine et une demi-livre d alun ; vous verserez l'eau très-chaude dans le tonneau, et agiterez une seule fois comme dans la première opération en laissant le tonneau bien bouché. Deux heures après, l'eau étant encore un peu tiède, vous la ferez sortir, et aurez soin de bien égouter le tonneau que vous boucherez ensuite fortement avec le bondon pour attendre le moment où vous le remplirez de vin.

Autre moyen pour le même usage que ci-dessus.

On prend deux poignées de feuilles de pêcher, on les pile dans un mortier, on les introduit dans la futaille et on verse un seau d'eau chaude par-dessus; on bondonne la pièce et on l'agite en tout sens pendant un quart d'heure. Au bout de ce temps, on rejette ces matières et on recommence la même opération, avec une poignée seulement de fleurs de pêcher et un demi-seau d'eau, cela fait, on rince bien la pièce et on la laisse égoutter avant de s'en servir. quelques personnes l'arrosent encore avec un demi-verre d'eau-de-vie avant d'y remettre le vin. Si le tonneau avait fortement le goût du moisi, il faudrait en défoncer un des côtés, puis promener dans l'intérieur une torche de paille enflammée. Ce procédé est plus simple que le premier, plus expéditif et assez sûr.

Moyen de rétablir, un vin trouble.

Il n'est besoin pour cela, que d'opérer comme il à été dit précédemment en parlant des vins altérés ou qui auraient acquis certain mauvais goût. Mais afin de réussir plus sûrement, il est bon d'ajouter au mélange déjà connu, une petite quantité de bois de hêtre encore vert, que vous aurez soin de rendre bien menu au moyen d'une varlope et que vous mettrez dans le tonneau.

Autre moyen pour rétablir un vin qui commence à devenir aigre.

—

Dès que vous apercevrez que votre vin part pour devenir aigre, il faut sans retard préparer un autre fût dans lequel vous mettrez de l'eau dedans et au moyen d'une cuillère vous le mouillerez bien pendant cinq ou six jours, en ayant soin de répéter cette opération de neuf à dix fois par jour inclusivement. Il faudra aussi pendant ce temps changer une ou deux fois votre eau, crainte qu'elle se corrompe. Cette opération terminée, vous laverez et nettoyrez avec soin le touneau, ensuite vous le sécherez bien avec un linge, après quoi vous suspendrez dans l'intérieur de votre pièce une mèche bien soufrée que vous allumerez et laisserez brûler en entier, puis vous y mettrez votre vin. Vous prendrez ensuite une certaine quantité du sable de rivière dépourvu de terre ou de tout autre substance, vous le ferez sécher au soleil ou sur le feu et le mettrez dans votre fût avec six ou dix grammes de sel ammoniac et trois citrons que vous couperez par morceaux. Vous mettrez cette composition dans votre vin et le battrez ensuite fortement pour que le tout puisse bien se mélanger. Le vin ainsi préparé dépose et perd son aigreur; mais il est indispensable de le vendre ou le boire dans les deux mois qui auront suivi l'opération, sans quoi il serait susceptible de redevenir aigre, et comme je l'ai dit plus haut, le vin aigre ne peut point se rétablir.

Moyen simple pour corriger la douceur des vins nouveaux.

Il arrive assez souvent lorsque le vin est retiré de la cuve avant que la fermentation ait pu atteindre le terme auquel on a coutume de l'arrêter, que ce vin perde quelquefois sa saveur douce dans le tonneau, et d'autres fois l'y conserve opiniâtrement.

Cela dépend non seulement de la température de la cave, mais encore de la manière dont les tonneaux sont bouchés. Une clôture hermétique oppose à la fermentation un obstacle insurmontable; de là résulte un moyen extrêmement simple pour corriger la douceur des vins.

Tout le secret consiste à percer le tonneau d'un très-petit trou, auprès du bondon; on bouche cette ouverture avec un fausset, et toutes les vingt-quatre heures on la débouche pour donner de l'air un instant; huit jours de cette manœuvre, qui doit être faite en été, suffisent ordinairement pour ôter au vin toute espèce de douceur, et pour lui donner en échange un feu qui le fait préférer à la vente.

Des vins gelés et moyen de les bonifier.

—

Les vins qu'on fait voyager l'hiver, surtout dans nos pays, sont quelquefois exposés à geler en route. Lorsqu'ils arrivent en cet état à leur destination, le moyen le plus sûr pour les rendre bons est de soutirer de suite dans d'autres tonneaux tout ce qui reste de liquide. Le vin qu'on obtient après cette opération est beaucoup plus spiritueux qu'il ne l'eût été auparavant ; mais si c'est du vin nouveau, il perd de sa verdeur. Ce qu'on laisse dans le premier tonneau, c'est-à-dire la partie gelée, n'est plus que de l'eau sans goût ni couleur de vin. Il arrive aussi parfois que lorsque des vins ont été frappés de gelée, et qu'ils ont ensuite dégelé dans le même tonneau, ils sont troubles, leur couleur est sensiblement diminuée et prend une teinte livide : le moyen le plus simple pour y remédier, c'est de soutirer tout de suite ces vins dans des tonneaux fortement soufrés et dans chacun desquels on verse un décilitre d'alcool, s'ils contiennent cent cinquante litres, et en proportion selon leur capacité. On bouche bien les tonneaux, et, après quelques jours de repos, c'est-à-dire après qu'ils ont été bien rétablis, on les colle pour les mettre en bouteilles. Si ces vins étaient trop faibles, on pourrait les fortifier en les mêlant avec du vin plus fort.

Moyen facile pour faire un très-bon vin de table ayant quelque rapport avec celui de Malaga.

—

Il faut pour cela avoir soin de vous procurer un très-bon fût, ensuite vous ferez bouillir du moût de raisin que vous réduirez à moitié autant qu'il en faudra suivant la grandeur de votre pièce ; c'est-à-dire que si la pièce contient un hectolitre, il vous faudra vingt litres de moût que vous ferez réduire à dix par ébullition et que vous verserez ensuite dans votre fût. Vous prendrez alors pour une pièce contenant un hectolitre, demi-litre de rhum de bonne qualité, deux noix confites que vous écraserez avec soin et que vous ajouterez au rhum; vous verserez cette composition dans le fût en ayant soin de bien la mélanger avec le moût. Cela fait, vous achèverez de le remplir avec du jus de raisin de première qualité bien mûr, et ferez attention d'y laisser un petit espace vide pour que le tout puisse fermenter sans peine, sans quoi la force du vin serait susceptible de faire casser les cercles dont le fût est ordinairement garni. Lorsque le vin aura assez fermenté, vous le soutirerez dans une autre pièce d'une contenance un peu moindre, afin que vous puissiez bien la remplir, vous la boucherez alors avec soin et soutirerez de nouveau votre vin au bout d'un mois pour le laisser ainsi jusqu'au mois de mars. A cette époque vous le soutirerez de nouveau dans une autre pièce d'une capacité égale à la seconde et après l'avoir bien bouchée vous l'y laisserez jusqu'au mois de juillet, vous le soutirerez alors pour la quatrième fois, et vous mettrez votre vin dans des bouteilles en verre double, que vous boucherez avec un bouchon de liège, en observant toutefois de ne point trop le serrer, afin que vous puissiez le retirer avec les doigts. Vos bouteilles ainsi préparées, vous les exposerez au soleil pendant quinze jours au bout duquel temps vous les retirerez et les mettrez dans un lieu frais pendant deux jours, c'est-à-dire jusqu'à ce que le vin cesse de fermenter. C'est seulement alors que vous soutirerez pour la dernière fois votre vin dans d'autres bouteilles que vous remplirez et que vous boucherez fortement, en enduisant le goulot avec de la cire à cacheter ou autre composition solide. Vous coucherez vos bouteilles ainsi préparées en rang dans la cave et les couvrirez avec une certaine quantité de sable fin que vous arroserez avec un peu d'eau. Au bout d'une année le connaisseur le plus habile n'aura point de la peine à confondre ce vin avec celui de Malaga.

Autre manière de préparer un très-bon vin pour le même usage que ci-dessus.

—

Il faut, après avoir préparé votre fût, et y avoir versé le moût et le rhum de même qu'il vient d'être dit, avoir soin de le remplir avec le jus du raisin qui s'écoule dans les bennes avant d'être foulé. Cela fait, vous suspendrez au dedans de votre fût un petit sachet rempli de fleurs de vigne sauvage ou autre que vous aurez ramassé au moment de sa floraison et laisserez cuver le tout ensemble, puis vous soutirerez votre vin de même qu'il a été dit précédemment. Arrivé au mois de juillet, vous le mettrez en bouteilles que vous boucherez avec soin et que vous conserverez en les couvrant de sable dans un lieu à l'abri de tout danger.

A défaut de fleurs de vigne, on peut se servir de la liqueur dite de framboise que l'on se procure ou que l'on peut composer soi-même par le moyen que voici : Après avoir rempli à moitié une bouteille de framboises bien mûres et récemment cueillies, vous verserez par-dessus de la bonne eau-de-vie sans toutefois trop remplir la bouteille, vous l'exposerez au soleil pendant un mois et vous obtiendrez une liqueur d'une couleur rouge dont vous pourrez vous servir pour parfumer votre vin. Il ne faut employer cette liqueur que dans les proportions d'un tiers de litre par hectolitre de vin.

Préparation du vin servant à composer des vins chauds avec une grande économie de sucre et de meilleur goût.

—

La manière de préparer ce vin, est la meilleure dont on puisse faire usage. Elle peut devenir d'un très-grand secours aux débitants de liqueur, cafetiers, maîtres-d'hôtel et autres, en raison de son économie pour le sucre, son mode de préparation est celui-ci : Après avoir préparé votre fût et y avoir versé votre moût, en ayant soin toutefois que la quantité soit double de celle mentionnée dans mes précédents articles, le tout réduit à moitié par ébullition, vous verserez dans ce même moût un litre de curaçao de première qualité, deux citrons coupés par tranches, quelques clous de girofle et un peu de cannelle que vous aurez auparavant écrasé dans un mortier. Lorsque vous aurez mis le tout dans votre fût vous le remplirez avec du jus de bon raisin et le laisserez cuver ensuite durant tout le temps nécessaire ; vous soutirerez alors dans une autre pièce, et arrivé en juillet vous le mettrez en bouteilles de la même manière qu'il a été dit, en évitant cette fois de les exposer au soleil. On peut avec une bouteille de ce vin économiser au moins un tiers du sucre généralement employé.

Moyen pour clarifier le vin cuit et lui enlever son acidité.

Le vin cuit est exposé quelquefois à rester trouble et acide, surtout lorsqu'il a été composé avec des raisins qui ne sont pas tout-à-fait mûrs. Dans ce cas, il faut pour y remédier faire usage du moyen que voici :

Prenez une certaine quantité de sable bien pur que vous aurez soin de bien faire sécher au feu ou au soleil et que vous verserez ensuite dans la benne qui contiendra votre vin après la cuisson, en ayant soin toutefois de ne point laisser refroidir le liquide et de l'agiter pendant une heure de temps avec un bâton. Vous laisserez alors reposer votre vin l'espace de vingt-quatre heures après quoi vous le tirerez au clair. Par ce moyen votre vin perdra son acidité et ne déposera que faiblement.

Moyen de faire un très-bon vinaigre.

Prenez dans votre pétrin un morceau de pâte que vous mettrez dans un lieu à part, et l'y laisserez jusqu'à ce qu'il soit devenu aigre. Vous prendrez alors deux ou trois litres de bon vinaigre que vous ferez un peu chauffer et que vous verserez ensuite sur votre pâte. Cela fait, vous distillerez bien le tout avec les mains en ayant soin qu'il ne reste rien d'entier. L'opération terminée vous verserez cette composition dans un baril et y ajouterez un litre ou deux, suivant la quantité de vinaigre que vous voulez faire, de vinaigre de bois. Au bout de quinze jours, vous verserez dans ce mélange quelques litres de vin et y ajouterez le reste par intervalle jusqu'à tant que le baril soit plein ; au bout d'un certain temps vous serez sûr de posséder un vinaigre de premier choix et très-clair.

Autre moyen très-efficace pour enlever aux tonneaux toutes sortes de mauvais goûts.

Il faut après avoir préparé vos tonneaux comme nous l'avons dit en parlant des vins aigres, avoir soin d'enlever toute la lie et le tartre qu'ils contiennent ; ensuite les sécher avec soin pour qu'il n'y reste rien. Cela fait, vous prendrez un litre ou deux, suivant la grandeur de votre tonneau, du plus fort vinaigre que vous puissiez trouver et y ajouterez un dixième d'acide sulfurique. Après que vous aurez bien mêlangé le tout ensemble, vous prendrez un pinceau de crin que vous tremperez dans ce mélange et au moyen duquel vous secouerez fortement le dedans de votre tonneau de la même manière que si vous vouliez blanchir un appartement; ensuite vous le laisserez sécher avec soin et y ferez infuser une petite quantité de chaux vive; vingt-quatre heures après vous le ferez bien laver et au bout du même temps yous y ferez brûler une forte mêche de soufre; vous prendrez alors une couenne de lard et frotterez fortement l'intérieur de votre tonneau que vous pourrez sans crainte remplir de raisins sans plus rien craindre pour le mauvais goût : ce procédé est un des meilleurs et celui qui n'a jamais manqué de réussir dans toutes mes épreuves.

Moyen très-simple pour arrêter d'un seul coup le vin qui s'écoule parfois des petites fûtailles lorsque les fissures sont un peu écartées.

—

Ayez un couteau qui ait la pointe émoussée et un peu épaisse, introduisez cette pointe dans la fissure et promenez votre couteau de bas en haut en ayant soin d'appuyer un peu fort; cela fait, prenez une figue que vous partagerez par le milieu et frotez-en fortement la fissure qui dès-lors ne filtrera plus.

Autre moyen pour enlever le mauvais goût aux petites futailles.

—

Prenez de la graine de genièvre la quantité suffisante pour faire bouillir dans quatre litres d'eau versez cette composition bouillante dans votre pièce, bouchez-la fortement et remuez-la d'un côté et d'autre pour bien la parfumer : deux heures après ôtez votre eau, faites bien écouler votre pièce et vous la soufrez ensuite si vous le jugez convenable.

Composition d'un ciment servant à boucher hermétiquement les tonneaux.

Recueillez dans un bassin du sang de mouton, de bœuf ou autre, et après l'avoir bien battu et l'avoir débarrassé de toutes les substances qui se forment ordinairement sur la surface, vous prendrez de la chaux vive que vous réduirez en poudre et que vous passerez à travers un tamis bien fin. Cela fait, vous prendrez un plat dans lequel vous verserez votre sang et y ajouterez peu à peu la chaux en ayant soin de bien agiter le mélange avec une spatule de bois, afin de former du tout une pâte un peu solide. Il est bon d'observer que la promptitude avec laquelle ce ciment agit, ne permet pas d'en préparer une grande quantité à la fois; c'est pourquoi il est indispensable pour bien s'en servir de le préparer qu'en petite quantité.

Ce ciment, l'un des plus simple par son mode de composition est un des meilleurs dont on puisse faire usage : on peut s'en servir pour boucher les fentes qui peuvent se trouver dans l'intérieur des tonneaux après les avoir fermées auparavant avec de l'étoupe si toutefois les fentes étaient trop larges, sans rien craindre pour la décomposition du vin.

Comme ce ciment et d'une très-grande solidité, il ne faudra point oublier lorsque vous repousserez le liquet de votre tonneau, de vous servir d'un morceau de bois de 0 mètre 25 cent. de longueur que vous poserez aux coins supérieurs du liquet, pour éviter de le briser si parfois vous veniez à frapper sur le milieu avec la massue. A défaut de sang on peut se servir pour le même usage du ciment romain que l'on pétrit avec de l'eau et que l'on peut se procurer partout; seulement ce dernier n'est pas si solide.

Nota. — N'oubliez pas que si la fente d'un tonneau était très-large il faudrait avoir soin de la cimenter dans l'intérieur avant de le remplir de vin.

Moyen d'adoucir l'huile d'olive lorsqu'elle est devenue forte.

Les huiles d'olive sont très-souvent exposées comme tous les liquides de cette nature à rancir, de sorte que bien souvent faute de connaître les moyens propres pour la remettre en bon état, certaines quantités d'huile sont perdues pour l'usage alimentaire et ne servent plus qu'à brûler. Un moyen bien simple pour remettre ces huiles en bon état est celui-ci :

Dès que vous vous apercevrez que votre huile devient forte, prenez du pain que vous aurez soin de couper par morceaux et que vous ferez ensuite rôtir au feu, puis les suspendrez au moyen d'une ficelle de manière à ce que le pain plonge dans l'intérieur de la jarre; au bout de vingt-quatre heures, vous retirerez votre pain et trois jours après vous soutirerez votre huile.

Si c'était la jarre qui contribuat à ce que l'huile devint forte, il faudrait après l'avoir bien nettoyée et lavée à grande eau, la sécher avec soin, puis couper quelques pommes ou oranges par le milieu et en frotter fortement l'intérieur de la jarre avant d'y mettre l'huile, vous serez sûr alors de la conserver indéfiniment.

Autre moyen pour le même usage que ci-dessus.

Prenez des pommes bien douces et écrasez-les de la même manière que vous le feriez si vous vouliez en exprimer le jus. Prenez ensuite quatre ou cinq blancs d'œufs que vous incorporerez avec la rapure des pommes, et après avoir bien mélangé le tout ensemble vous verserez la composition dans votre huile, que vous agiterez ensuite avec une spatule de bois. Après quelques jours de repos et lorsque la matière solide sera tombée dans le fond du vase, vous soutirerez l'huile dans un autre vaisseau de terre bien propre et que vous aurez destiné à cet usage.

TROISIÈME PARTIE.

Aperçu sur les arbres en général.

Si la vigne a été regardée depuis l'antiquité la plus reculée comme un des plus riches dons de la nature; si Noé recevant des mains de Dieu, le premier cep dont les branches infinies devaient propager la terre et apporter l'abondance dans nos provinces; en recommanda lui-même la culture à ses descendants; si, en un mot, elle occupe la première place dans le règne végétal, après elle les arbres, dont les variétés infinies forment un ensemble si digne d'admiration, doivent captiver ici notre attention : comme la vigne elle-même, ils doivent être l'objet de nos études, et nous devons concourir avec une véhémence parfaite à leur fruc-

3

tification et à leur développement. En effet, quoi de plus beau! quoi de plus admirable pour l'homme qui aime en quelque sorte à jouir du contraste qu'offre à ses yeux le vaste tableau de la nature, que la vue de ces êtres inanimés dont les branches s'affaissent sous le poids de leurs fruits! C'est sous le beau ciel de la Grèce que l'on a commencé à observer les arbres et les plantes; c'est dans cet heureux climat qu'ont vécu les premiers auteurs qui nous en ont transmis la connaissance : aussi est-il peu de contrées qui nous intéressent autant que cette terre classique, d'où sont sortis les instituteurs du genre humain dans les sciences et les arts; mais ces chœfs-d'œuvre ne peuvent guère nous intéresser qu'autant que notre imagination les arrache du milieu des décombres. Il n'en est pas de même des arbres; placés comme des sentinelles au milieu de la nature, les anciens les contemplaient avec admiration, et nous les retrouvons à peu près tels qu'ils étaient de leurs temps; ils s'offrent à nous dans toute la vigueur de leur jeunesse, ornés de leurs brillantes fleurs, tels qu'ils se sont montrés aux premiers observateurs. Le cèdre croît encore au sommet du Liban, le palmier en Égypte, l'oranger en Provence. Ainsi la nature toujours active et vigoureuse ne vieillit point; les individus périssent, les espèces se perpétuent, mais l'accord harmonieux qui embellit la nature reste le même.

Linnée et de Jussieu, ont chanté avec un art parfait les beautés sublimes que nous inspire à tous la magnifique parure des arbres et des plantes, ils nous ont fait adorer avec eux la Sagesse éternelle dans les innombrables mystères de la nature, et la divine harmonie des œuvres du Créateur. Quel esprit oserait s'élever contre le témoignage de ces grands génies? Quel cœur resterait insensible à l'hymne ravissant et solennel de la nature? Grands hommes! vous qui avez consacré votre vie à étudier les plantes et les arbres, venez apprendre au genre humain ce qu'il lui importe le plus de savoir? Montrez-nous ces vérités que vos esprits ont aperçus, reconnus, proclamées? Publiez les grandeurs de Celui dont les merveilles de la nature vous ont révélé la gloire? Que la vérité de vos écrits éclaire l'esprit des hommes comme le soleil éclaire la terre; mais si comme vous, .nous ne pouvons pas peindre avec tant d'art et avec des couleurs si vives les plantes et les arbres; placés du moins au milieu des œuvres de la création, pouvons-nous fermer les yeux sur tant de merveilles, ou nous borner à une simple admiration quand tout nous invite à les étudier? Qu'il nous soit donc permis en passant, non pas de faire un tableau anatomique des diverses fonctions des arbres en général que nos faibles connaissances ne nous permettent pas de connaître, en décrivant :

1° Dans leurs organes intérieurs : le tissu cellulaire et réticulaire, la moelle, les couches carticales et ligneuses, le fluide, la sève et le suc, la sécrétion, l'excrétion, le cambium.

2° Dans leurs organes extérieurs : les racines, les tiges, les branches, les boutons, les feuilles, les attributs et les fonctions des feuilles; leur veille et leur sommeil; leur durée et leur chûte; leur forme, leur disposition et autres caractères.

3° Dans leurs organes reproductifs : les fleurs, l'inflorescence, les enveloppes florales, le calice, la corolle.

4° Dans leurs organes sexuels: les étamines, le pistil et tous les phénomènes qui accompagnent la fécondation.

5° Dans leurs fruits : le péricarpe et la semence, les tégumens de la semence; l'amande de la semence, le périsperme et l'embryon; en un mot, toutes les considérations ayant rapport à leur fécondation, à leur multiplication, à leur vie et à leur mort. Nous laissons au savant botaniste le soin d'expliquer chacun de ces phénomènes que nous regarderons comme autant d'énigmes pour nous, ce qu'il nous importe le plus de savoir et de connaître, c'est la manière de planter les arbres accompagnée des divers moyens propres à en faciliter le développement. Mon livre, comme je l'ai dit plus haut, n'est point fait pour le savant qui observe, ni pour le philosophe qui médite. Gens du métier agricole, c'est pour vous que j'écris! Agriculteur comme vous, ma vie n'a été qu'une vie de travail, j'ai consacré mes jours à la culture de la terre. J'ai appris à cultiver la vigne et à planter les arbres; tous les jours de ma vie n'ont été qu'une suite d'expériences et d'épreuves : ce n'est point sur des livres que j'ai appris ce que je viens vous publier aujourd'hui, tout ce que je dis émane de ma simple pratique. Puissent mes faibles leçons vous servir de guide dans vos travaux et vous dédommager des nombreuses peines que vous pourrez vous donner.

De la plantation des arbres.

Lorsqu'il s'agit de planter un arbre, bon nombre de propriétaires surtout dans les campagnes où l'art agricole manque encore de lumière, se contentent pour l'ordinaire de creuser un trou ayant un, deux et même trois mètres de largeur dans un endroit marqué, puis après y avoir assis leur arbre sans toutefois faire attention aux racines, ils se contentent tout simplement de retirer avec une ploche la même terre qu'ils avaient mise en dehors du trou et dont ils se servent pour chausser leur arbre; après quoi ils se retirent, laissant à la nature le soin d'agir, de développer et de faire fructifier par elle-même et sans autre secours cet arbre ainsi planté. Si je faisais à ces braves gens une question, si je leur disais : Voilà un appartement et une table bien garnie contenant tout ce qui est nécessaire pour vivre pendant un mois: enfermez-vous dans cet appartement, mangez et buvez selon que vous en aurez besoin, mais vous n'en sortirez qu'au bout de deux mois ou d'un an durant lequel la providence pourvoira à vos besoins. » Que me répondraient-ils ? La réponse est bien simple, je crois que tous me diraient : Nous ne pourrons rester dans cette maison qu'autant que les aliments dont elle est pourvue pourront suffire aux besoins de notre existence, ce temps expiré si vous nous contraignez par la force à demeurer dans cet état, nous tomberons malades, puis nous mourrons. » Eh bien mes amis ! il en est de même de votre arbre tel que vous venez de le planter : ses racines ne manqueront pas de s'étendre durant le cours de la première année dans la terre mouvante c'est-à-dire que vous aurez remuée au moment de la plantation, mais une fois arrivées à l'inculte, elles s'arrêteront comme devant un rempart, et cet arbre que vous aviez vu se développer si puissamment la première année suspendra tout d'un coup sa végétation, il deviendra malade; ses branches ne jetteront plus que de faibles tiges dépourvues de vigueur; ses feuilles jauniront avant le temps et il s'ensuivra une sécheresse ou quelquefois la mort de l'arbre. Un moyen simple, facile et peu coûteux propre à faire prospérer en peu de temps les arbres, est celui-ci : Il faut autant que possible avoir soin de vous procurer de bons sujets, des sujets francs, après quoi vous creuserez votre trou dans un endroit marqué en faisant attention à la largeur qui ne doit point dépasser deux mètres pour les terrains d'une nature forte, et un mètre cinquante pour les terrains légers : la profondeur doit être de 0 m. 75. Dès qu'une fois vous aurez assis votre arbre sur son pied, vous prendrez votre pioche et descendrez dans le trou, puis vous commencerez par piocher votre terrain tout au tour en commençant par le bas et terminant par le haut, ayant toujours grand soin de bien retirer la terre nouvellement piochée vers le tronc de l'arbre jusqu'à ce que vous arriviez à la surface du terrain, alors vous pourrez vous servir de la première terre pour achever de le chausser. Votre arbre ainsi planté, ne manquera pas de se développer avec force, attendu que ses racines n'auront à surmonter aucune encontre en rapport avec la dureté du sol sur lequel vous avez opéré et qu'elles pourront s'étendre avec vigueur dans la terre cultivée; car il est bon d'observer qu'en plantant votre arbre de cette manière vous obtiendrez quatre mètres de circonférence au lieu de deux.

Ce procédé qui est très-simple, est le meilleur et celui dont on devrait toujours faire usage pour la plantation des arbres fruitiers, aussi dois-je le recommander à tous les propriétaires comme préférable à tous les autres : je dis préférable, car de tous ceux que j'ai mis en usage pendant trente années d'expérience dans l'art agricole, c'est celui qui n'a jamais manqué de réussir. Je vais en donner une idée par la seule raison que voici : Qu'est-ce qui donne de la force à l'arbre? — Ce sont ses racines. — Qui donne de la force aux racines? — C'est la terre qui lui sert de nourriture. — Mais si la terre dans laquelle vous avez planté votre arbre reste inculte ou d'une ténacité telle que ses racines ne puissent pas s'étendre en avant que, deviendra votre arbre? — Il séchera sur son pied. — Si vous plantiez un poirier dans un vase que ferait-il? Il y a tout lieu de croire qu'il ne pourrait jamais se développer attendu que le cercle étroit dans lequel vous l'auriez enfermé nuirait à son entier développement; il en est de même de celui que vous avez planté en plein champ et auquel vous n'avez pas donné une culture convenable. D'après cela, il est donc bien établi que pour qu'un arbre puisse croître avec force, il faut que rien de solide s'oppose au développement des racines que je considère à juste titre comme étant l'âme de l'arbre, car si vous coupiez à un arbre ses racines, il sécherait; mais j'ajoute que les racines ne pourront jamais se développer si le terrain qui leur sert de lit n'est pas suffisamment cultivé. Remuez donc votre terrain, creusez, fouillez, béchez, donnez de la force à vos racines et vous serez sûr que votre arbre prospérera et bientôt l'abondance de son fruit vous dédommagera des peines que vous pouvez vous être données.

Observation.

Le procédé que je viens de mettre sous les yeux de mes lecteurs, ne consiste pas seulement à faire développer les arbres avec force, mais il est un garant très-sûr pour les empêcher d'être déracinés par les grands vents : ce qui souvent a lieu à l'époque des grands ouragans. Il est aisé de s'en rendre raison attendu que les racines se développant avec force dans la terre mouvante prennent une consistance solide et s'étendent fort avant dans la terre, tandis qu'au contraire si elles sont arrêtées par l'inculte, elles forment un espèce de chevelu tout autour du tronc de l'arbre que le moindre vent peut déraciner. De cette manière on obtient dans cinq années autant que dans dix.

De la taille des arbres.

—

Je ne dirai rien de la taille, parce qu'elle exige des connaissances qu'il n'est pas possible d'acquérir à la lecture d'un court traité ; de longs détails même ne feraient pas beaucoup plus. Une pratique suivie et l'expérience acquise par le temps, peuvent seules apprendre la taille, qui doit être regardée comme l'opération la plus importante et la plus difficile; puisqu'elle a pour but de donner à l'arbre une forme agréable, de prolonger sa durée en supprimant ses branches inutiles, et de lui faire porter de plus beaux fruits. Seulement, afin d'en donner une idée, je me bornerai à faire connaître les principes généraux de cette science qui consiste à raisonner avec la nature sur le corps de l'arbre, sur la forme et le nombre de ses branches, sur leur arrangement et leur usage, et sur les effets de la taille soumise à des règles qui peuvent varier selon le terrain et la température, l'âge et la force du sujet à tailler, le discernement, la prudence et le génie du propriétaire, que le temps et l'expérience formeront beaucoup mieux qu'un traité complet sur cette matière.

La taille des arbres doit avoir lieu dans l'intervalle qui s'écoule entre la chute et la pousse des feuilles, en observant de commencer par ceux qui poussent les premiers et, de terminer par les plus tardifs. C'est l'ordre naturel que la routine ou l'ignorance ne suit pas toujours; ainsi un abricotier doit être taillé avant un pêcher, de même qu'un poirier avant un pommier. Il n'y a nul danger comme quelques-uns peuvent le croire, de commencer la taille dès le mois de novembre, et de la continuer l'hiver, à moins de trop fortes gelées. Certains propriétaires qui se croient très-habiles dans cet art, m'ont assuré qu'il est bon d'attendre le printemps pour tailler les arbres fruitiers. Pour moi, je crois, que, s'il y a quelque chose à craindre en taillant pendant l'hiver, ce n'est pas pour les arbres, c'est plutôt pour les propriétaires paresseux qui craignant beaucoup le froid ne veulent point s'y exposer.

Les arbres plantés en plein vent, ne doivent être taillés qu'autant que le besoin l'exige et afin de les débarrasser d'un trop grand nombre de branches qui pourraient leur devenir incommodes ou de celles qui se trouvent mal placées. Les arbres à noyau, tels que: abricotiers, pruniers, pêchers, etc., demandent tant pour la culture que pour la taille, des soins continuels et des connaissances plus étendues que les autres arbres. Il est facile de voir d'après cela, qu'il n'est guère possible d'établir des règles solides là-dessus. Chaque propriétaire en taillant ses arbres, les taille selon son goût c'est-à-dire qu'il fait la taille plus ou moins longue, selon son désir d'avoir de grands arbres, ou de les mettre plus tôt à fruit. Il est bon cependant de conserver un juste milieu, et ne laisser des branches à fruit que la quantité suffisante. Tailler trop court, fait pousser des branches gourmandes; laisser trop de bois, épuise l'arbre promptement et c'est ce que tous les propriétaires doivent s'efforcer de prévenir. Quoiqu'on ne doive point négliger la taille des arbres, je crois qu'il serait moins convenable encore de sacrifier les fruits à l'élégance qu'on pourrait donner à la taille.

Je terminerai cet article en mettant sous les yeux de mes lecteurs un procédé connu depuis très-longtemps, qu'on cesse de mettre en pratique et qui consiste à faire porter des fruits à l'arbre qui ne produit pas. Tout le secret consiste à débarrasser ses branches et son pied de l'écorce morte qui le recouvre, ensuite bien dégarnir ses racines pour y rapporter de nouvelle terre : il est très-rare qu'on manque de réussir.

De la greffe.

Par le mot greffe, on désigne une opération qui consiste à rapporter un végétal sur un autre, afin de multiplier sans altération, l'espèce qu'on désire conserver. On appelle sujet franc, l'arbre qui reçoit la greffe, dont l'adoption et la durée ne peuvent être complètes qu'autant qu'il existe entre-elle et l'autre une analogie parfaite.

De même que la taille des arbres, la greffe exige une pratique suivie et beaucoup d'adresse dans la manière d'opérer. Je n'entreprendrai pas d'en donner les principes détaillés qui ne pourraient trouver place dans mon livre. L'amateur qui, pour la première fois voudra s'occuper de cette amusante opération, s'aidera des connaissances et de l'expérience d'un ami beaucoup plus utile que les traités les plus longs et les mieux faits.

Des différentes manières de greffer.

Outre la greffe par approche, la greffe en fente, la greffe en couronne, la greffe en flûte, la greffe au coin et tant d'autres qui ont été mises en usage, je ne parlerai ici que d'une seule comme étant la plus simple, la plus prompte, la plus facile, la plus usitée et en général la plus sûre : c'est la greffe à écusson, ainsi nommée parce qu'elle consiste en une portion d'écorce munie d'un œil, à laquelle on donne une forme triangulaire. Cette greffe, doit se faire au printemps pendant que les arbres sont en sève, parce qu'alors le bouton qui se trouve adapté au morceau d'écorce, pousse sur-le-champ. Pour opérer, on applique le morceau d'écorce dans une incision faite en forme de T, sur le sujet qu'on veut greffer de manière qu'à l'exception de l'œil l'écorce du sujet puisse envelopper soigneusement l'écusson, on coupe alors le sujet à deux pouces au-dessous de l'écusson et on lie le tout avec de la filasse ou mieux encore avec du roseau. Quelques propriétaires sont dans l'habitude de ne greffer qu'au moment où la sève est sur le point de s'arrêter, c'est-à-dire en automne, mais alors le bouton commence seulement à pousser au printemps suivant, époque à laquelle on coupe la tête du sujet, ce qui retarde la végétation d'une année. On voit par là que des deux moyens ci-dessus nommés, le premier est celui qui doit être préféré.

Moyen d'opérer la greffe à écusson et avancer la végétation d'un mois.

Système nouveau.

J'ai parlé de la greffe à écusson comme étant la plus prompte, la plus simple, la plus utile et en général la plus facile ; je ferai connaître à présent au moyend'un système nouveau la manière d'opérer afin d'avancer la végétation d'un mois environ.

Quand vous faites votre incision sur un sujet que vous voulez greffer, il faut avoir bien soin de ne point intéresser autant que possible le bois avec votre greffoir, ce que l'on évite facilement en faisant l'incision plus petite. Ensuite vous enleverez votre écusson ou bouton que vous voulez transmettre de la jeune branche de la même manière que si vous vouliez tailler une plume à écrire, par ce moyen votre œil restera garni d'un peu de bois. Vous le placerez alors et ferez descendre votre écusson un peu plus bas que l'incision que vous avez faite, afin que l'œil du bouton que vous voulez reproduire ramène avec lui toute la sève du sujet sur lequel vous opérez, et que rien ne pénètre entre l'écusson et le bois durant tout le temps de votre opération. Ensuite après avoir ramené l'écorce du sujet dans sa position naturelle, vous pratiquerez votre ligature selon l'usage en ayant soin toutefois de serrer un peu plus fortement le roseau dont vous vous servez d'habitude. Par le moyen que je viens de donner c'est-à-dire l'écusson étant garni d'un peu de bois, on peut placer un œil dont le bourgeon aura déjà atteint une longueur de 0,03 à 0,05 cent. et avancer ainsi la végétation d'un mois, et de plus ne point se tromper en transmettant comme cela arrive quelquefois un œil faux, ce qui dans ce cas n'arrive jamais. On peut encore en faisant une petite incision, opérer sur les branches d'un jeune sujet, ce qui est d'un très-grand avantage sous le rapport de la forme qu'on ne dégrade point et dont beaucoup de propriétaires tiennent essentiellement.

Précautions à prendre pour conserver la greffe durant le cours de al première végétation.

Il arrive assez souvent qu'à l'époque de la première végétation, les jeunes pousses que forme la greffe, sont ordinairement attaquées et quelquefois détruites par une foule d'insectes malfaisants, tels que fourmies, chenilles, charançons, grillons et autres, etc. Un moyen très-simple qui ne peut en aucune manière nuire au développement des jeunes pousses, et qu'on peut regarder comme moyen préservatif, est celui-ci: Lorsque vous vous appercevrez ou que vous craindrez qu'un arbre nouvellement greffé soit attaqué par les insectes, prenez une grande feuille de papier que vous enroulerez au tronc de l'arbre à deux doigts en-dessous de la greffe, puis après avoir attaché solidement votre papier avec une ficelle, vous l'élargirez en forme de globe afin que rien ne puisse s'opposer au développement des jeune pousses; ensuite vous aurez soin de rouler de nouveau l'extrémité de la feuille que vous attacherez comme précédemment. Après quinze ou vingt jours, c'est-à-dire lorsque vos jeunes pousses auront atteint la longueur de deux à trois centimètres, vous enlèverez le papier qui ne devient dès-lors plus nécessaire.

Le même procédé peut être employé pour garantir la greffe dite à œil dormant, des intempéries du froid pendant l'hiver.

De la greffe sur cognassier.

Il est peu de propriétaires aujourd'hui qui ignorent les bons résultats que l'on peut obtenir des arbres greffes sur cognassier relativement à la production; mais parmi le nombre, tous ne connaissent pas la manière de rendre ces arbres aussi puissants et aussi beaux que ceux greffés sur franc. Le moyen que j'emploie tous les jours moi-même depuis un très-grand nombre d'années et que je vais mettre sous les yeux de mes lecteurs, me fut donné jadis par un bon vieillard septuagénaire qui possédait dans le pays un petit coin de terre dont le revenu pouvait à peine suffire aux besoins de son existence. Me promenant un jour avec lui dans son jardin, ce brave homme me fit remarquer plusieurs beaux arbres chargés d'excellents fruits qu'il me dit être greffés sur cognassier. A vrai dire, je ne pouvais me résoudre à une pareille croyance, car de tous les arbres greffés sur franc que je possédais à cette époque dans mes champs, il n'en était aucun qui me parut ni plus beau, ni plus vigoureux. Voici en quoi consistait le travail de ce bon homme : « Il faut, me dit-il, quand vous voudrez greffer un arbre sur cognassier, avoir soin avant tout de choisir parmi les jeunes branches les plus droites et les mieux faites, vous couperez ces branches à une lougueur de 0,25 cent. et les planterez dans un bon terrain gras et arrosable s'il est possible; vous enfouirez votre plant à 0,20 cent. de profondeur et vous ne laisserez hors de terre que 0,05 cent., longueur suffisante pour faciliter la végétation. Au bout d'une année ou deux, c'est-à-dire quand vous verrez que vos sujets auront acquis assez de force et de vigueur pour pouvoir être greffés, vous aurez soin de le faire et les grefferez en fente, ensuite vous leur donnerez une bonne culture et fumure pour que votre greffe puisse pousser vigoureusement. Dans le courant de la même année, (ou l'année suivante si votre sujet manquait de force) vous arracherez vos plantes avec soin et irez les transplanter dans l'endroit que vous leur aurez destiné en opérant de la manière que voici : Vous creuserez un trou assez profond de manière à ce que les jeunes pousses du végétal que vous aurez transmis au moyen de la greffe, soient enfouies dans la terre à une profondeur de 0,50. Par ce moyen votre sujet constituera dans la terre un nombre infini de racines beaucoup plus fortes que celles du cognassier sur lequel il a été reproduit, et au bout d'un certain nombre d'années, le premier plant, c'est-à-dire la portion du cognassier qui avait servi à faire prendre racine venant à mourir, il ne restera plus alors qu'un arbre franc qui peut dans la suite par sa végétation et son développement égaler les plus beaux arbres. » Je dois faire observer néanmoins que ce ne sera jamais qu'au bout de la cinquième ou de la sixième année après la dernière transplantation de vos arbres que vous commencerez à jouir de leurs fruits, tandis qu'en opérant par les moyens ordinaires vous pourrez en récolter la première année.

Des avantages que tout propriétaire peut retirer relativement à cette manière de procéder.

Les avantages que tout propriétaire agriculteur peut retirer relativement à cette manière d'opérer, sont très-nombreux, néanmoins ils peuvent varier suivant la nature et la force du terrain sur lequel une plantation aura été faite. Il est inutile de dire que si le terrain est bon, gras et bien cultivé, votre arbre acquerra plus de force que dans un terrain maigre, dur et mal soigné; mais avec cela, il n'en est pas moins vrai qu'il arrive assez souvent surtout dans les campagnes, que celui qui veut faire une plantation d'arbres fruitiers, n'a pas toujours l'occasion de se procurer de bons sujets, des sujets francs, ce qu'il peut dans ce cas remplacer par la greffe sur cognassier qui se trouve partout. En second lieu, si on veut suivre le système des horticulteurs, qui consiste à greffer sur cognassier de la même manière qu'on grefferait sur franc, en négligeant de suivre les règles indiquées ci-dessus, laissant à découvert le sujet sur lequel la greffe aura été rapportée, on n'obtiendra jamais que des arbres faibles et de mauvaise nature, productifs il est vrai dans les premières années, mais de peu de durée. On voit donc par là que des deux moyens que je viens de donner, le premier est le meilleur quoique plus long, à moins que ce soit pour des arbres d'agrément et auxquels on attache que peu ou point d'importance.

De l'atterrissement des terrains situés au bord des rivières et torrents.

—

Une longue expérience m'a démontré aujourd'hui que l'attérissement des propriétés situées le long des rivières et des torrents, était une des choses les plus indispensables pour augmenter la production du sol.

Dans les terrains très-difficiles à travailler, dans ceux où il manque du fond, où le sol est rocailleux, marécageux, etc., et où aucune céréale ne peut prendre racine, le meilleur moyen à suivre pour mettre en culture ces terrains, consiste à les faire atterrir. Un moyen simple et peu coûteux pour arriver à ce but, consiste à faire des petites levées en dessus et en dessous de la propriété pour empêcher l'écoulement des eaux, et de plus il faut veiller avec soin chaque fois que la rivière devient grosse, soit par suite d'une avarie orageuse ou d'une pluie continuelle et à chaque fois qu'on s'apercevra que l'eau est bien noire et bien trouble on l'introduira dans la propriété qu'on veut faire atterrir, en ayant soin de répéter cette opération toutes les fois que la rivière devient grosse. Cependant, il est bon d'observer que l'eau d'orage vaut beaucoup mieux que celle provenant de la fonte des neiges, par la raison qu'elle entraîne avec elle une partie des terrains avariés, riches en fumiers, et d'une nature bien supérieure à ceux provenant de la cime des montagnes. Pour peu que le temps soit orageux pendant l'été, ou pluvieux en hiver, trois ou quatre années suffisent ordinairement pour faire atterrir une propriété ; il ne reste plus alors qu'à lui donner une bonne culture et à la planter convenablement suivant sa nature. Cette méthode est celle que j'ai suivi moi-même pour mettre en culture certaines propriétés et entre autres un alluvion situé sur la rive gauche de la Bléone, dont il a été question dans la première partie de mon ouvrage : Cinq années ont suffi pour le faire atterrir et le mettre en culture. Complanté depuis deux années en une vigne contenant dix mille plants, j'espère être dédommagé bientôt des peines que j'ai pu me donner.

De l'endiguement des petits torrents au moyen de certaines plantations.

Il arrive assez souvent que parmi les terrains situés en pente et voisins des torrents, il en est qui sont susceptiblee d'être avariés et endommagés par suite des dépôts souvent considérables que l'eau entraîne en temps d'orage, et qui encombrent quelquefois une partie des propriétés. Un moyen simple de pouvoir s'en garantir, consiste à construire des levées en terre le long des propriétés d'une hauteur de deux, trois ou quatre mètres et ensuite les complanter avec certaines plantes vivaces, telles que sauge, luzerne, gazon, etc.; dès qu'une fois ces plantes auront pris racine, les avaries les plus fortes ne pourront que faiblement les endommager.

De l'endiguement des rivières par le moyen des plantations d'osiers, saules, peupliers et l'établissement des iscles.

—

Je ne saurais ici passer sous silence un mode d'endiguement qui réussit toujours et que tous les propriétaires possesseurs de terrains situés le long des rivières devraient mettre en pratique: c'est celui qui consiste à faire des barrages ou pour mieux dire des plantations pour tenir les eaux dans leur lit naturel et les empêcher de submerger les terres et de les avarier. Ces plantations fournissent des grands avantages aux propriétaires sous bien des rapports, mais plus particulièrement encore parce qu'elles leur donnent du bois et garantissent d'une manière toute particulière, et que je ferai connaître, les propriétés avoisinantes. Si, en effet, on considère avec attention les grands dommages qui sont occasionnés dans certains pays et particulièrement dans le nôtre par les rivières, on comprendra sans peine que l'établissement des iscles le long des propriétés est un moyen puissant pour pouvoir, si, pas toujours, du moins en partie, se garantir des dégats horribles qui nous sont souvent accasionnés.

Le gouvernement actuel, sage, prévoyant et surtout protecteur de l'agriculture, a ordonné dans bien des départements et notamment dans le nôtre le reboisement des montagnes. Pourquoi ces reboisements et sur quoi sont-ils fondés? Quelques-uns croiront peut être que c'est dans le but de donner de l'agrément à un pays qui n'en a pas, ou pour embellir la beauté d'un site. Ce n'est pas cela. On reboise par agrément les alentours d'un château ou d'un beau domaine pour en réhausser la beauté ; mais lorsqu'on reboise une montagne, un torrent ou une rivière, c'est la nécessité qui le demande et cela dans la vue du bien public. En effet, on s'étonnera peut-être de voir des torrents situés dans des montagnes arides, entrainer avec eux en temps d'orage, quantité de rochers, de graviers et de bourbiers énormes susceptibles d'envahir tout une campagne, en voyant d'autres torrents situés dans une même pente, mais descendant d'une montagne boisée n'entraîner que de l'eau. Pourquoi cela ? Si

on réfléchit tant soit peu sur cette matière, on verra et on saura alors sans autre explication en quoi consistent les reboisements que l'on fait exécuter depuis quelques années dans nos pays et que quelques individus mesquinement instruits, regardent comme une chose plutôt nuisible qu'utile. Inutile de s'étendre davantage sur un sujet dont les détails fourniraient à eux seuls la matière de plus de deux volumes. Je dirai seulement un mot sur les grands avantages que l'établissement des iscles fournit, en m'efforçant non seulement de faire comprendre, mais encore de faire connaître à tous mes lecteurs, de quelle manière on peut arriver à une solution heureuse en établissant ici les règles indispensables à connaître pour arriver à un bon résultat.

Les propriétaires désireux de faire des réparations en établissant des iscles en tête des propriétés bordées par des cours d'eau, doivent se munir : 1° d'un piquet en fer droit de 1 m. 25 cent. de long, sur 0,04 à 0,05 cent. de diamètre plus ou moins, suivant l'épaisseur des osiers, saules, peupliers, etc.; qui doivent former la plantation. Au moyen de cet instrument, ils pourront creuser dans le gravier et disposer les trous qui doivent recevoir les piquets, soit en tenant le morceau de fer droit avec les deux mains et frappant dessus avec une massue, soit encore avec l'élan des bras en ayant soin àchaque coup porté de vaciller de droite à gauche pour donner de l'aisance et faciliter le travail sans craindre d'émousser la pointe de l'instrument. On prendra alors les piquets destinés à former la plantation, et on les enfoncera à moitié dans les trous que l'on aura auparavant disposés par rangées et à une distance de 1 m. au moins, en ayant soin toutefois de commencer du côté du talus de la rivière. A toutes les six rangées de cette plantation, on prendra des branches d'osier, saule, etc., de 6 à 8 mètres que l'on couchera en long dans la distance de 1 m. et que l'on enlacera en travers des piquets, en ayant soin de les attacher fortement à ceux-ci pour les empêcher d'être dérangés par les eaux. Il est bon aussi de diriger la partie faible de la branche du côté de l'eau et de la surcharger s'il se peut dans toute sa longueur d'une petite couche de gravier, afin de faciliter le développement des racines et donner en même temps prise à la branche qui dès-lors pousse vigoureusement. On obtient ainsi dans peu de temps des iscles magnifiques, surtout si les plantations ne sont point trop avariées dans les deux premières années ; on est quitte si elles le sont de recommencer la même opération. Les racines qui poussent dans le gravier forment un chevelu d'une ténacité telle, que les eaux les plus fortes ne peuvent que faiblement les endommager, attendu que l'eau glisse au lieu de creuser. Si tous les propriétaires qui ont des terrains situés le long des eaux mettaient en pratique ce système d'endiguement, il ne serait pas rare de voir dans quelques années s'élever dans nos graviers arides des bois immenses, capables de garantir non seulement les propriétés en tenant les eaux dans leur lit naturel; mais encore d'alimenter par le chauffage et la litière bon nombre de pays qui en sont dépourvus. De plus, ces diverses sortes d'arbustes, et plus particulièrement encore les osiers sont sur le rapport des fleurs d'un grand secours à l'apiculture. Les abeilles sont extrêmement friandes de leur suc, alors que dans cette saison nos montagnes plongées dans un état de mort et recouvertes quelquefois d'un large manteau de neige, n'ont point encore donné naissance à ce nombre prodigieux de plantes qui leur servent d'appât pour composer le miel.

Des semis en céréales.

Qu'il me soit permis en finissant de dire un mot sur l'emploi des semis en céréales que beaucoup de propriétaires connaissent, mais que beaucoup ignorent ou n'emploient qu'avec profusion.

En effet, il existe certaines personnes surtout dans les campagnes, qui se figurent qu'il faut pour faire une bonne récolte semer le grain avec profusion et très-épais, surtout si le terrain qui doit le recevoir est riche et bon. Je suis fâché de répondre à ces braves gens que c'est le moyen de ne rien récolter du tout. Un blé semé trop épais épuise la terre et ne produit rien ou du moins peu de chose, et il arrive très-souvent qu'au lieu de rapporter le dix ou le quinze, il ne rapporte que le trois ou le quatre, et il n'est pas rare alors de trouver à l'époque de la moisson bon nombre de plantes sèches qu'on ne trouverait pas si le blé avait été semé clair.

Pour en donner une preuve bien certaine et afin de bien faire comprendre toute l'importance du sujet dont je parle, je me contenterai de citer un exemple que tout le monde approuvera et que chacun connaît, le voici : A l'époque de la moisson, ne vous est-il jamais arrivé de trouver en certains endroits de votre champ, tout près d'une fourmilière, un nombre infini d'épis tous réunis ensemble dans un très-petit espace et ayant à peine atteint la hauteur de 0,25 à 0,50 cent. contenant chacun un, deux, trois et quelquefois point de grain? Oui. Eh bien, en voilà assez, je pense, pour vous faire juger par vous-même ce que peut produire une plante dont la semence incommode la terre. Je suis presque persuadé que quelques-uns peut-être, pourront me dire encore que ce que je dis-là n'est pas nouveau pour eux et qu'ils le connaissent depuis bien longtemps. Très-bien! S'ils le connaissent, qu'ils le mettent en pràtique, car ce n'est pas pour eux que je parle, mais pour ceux qui ne le connaissent pas, et ce n'est pas une raison parce qu'ils connaîtront une chose que tout le monde la connaisse, et que par conséquent on la laisse ignorer. Quand je parle du blé je parle aussi pour les autres céréales et plantes légumineuses de quelle nature qu'elles soient, tandis que le contraire existe pour les plantes fourragères qu'on doit semer plus épais, attendu que restant très longtemps en terre, il s'en perd quelquefois suivant les saisons une grande partie, et de plus le rendement est plus considérable.

QUATRIÈME PARTIE.

DES ENGRAIS.

Des diverses espèces d'engrais, de l'emploi de chaque espèce, suivi des avantages qu'on peut en retirer.

Depuis longtemps il est bien établi, ainsi que j'ai eu l'occasion de le dire dans l'introduction de cet ouvrage, que sans le secours des fumiers, la terre, qui produit récolte sur récolte, serait bientôt épuisée, puisque ce sont eux qui fertilisent les plus mauvais fonds, et entretiennent la fécondation des bons. Mais pour arriver à un but certain, il ne

4

s'agit pas seulement de répandre du fumier dans un champ, puis y semer son grain; il faut encore avec cela savoir proportionner les amendements aux besoins du terrain et à la nature des plantes. Ainsi, les terrains d'une nature forte et humide exigent beaucoup plus d'engrais que ceux qui sont secs et chauds ; il les faut aussi moins consumés pour les premiers que pour les derniers, attendu qu'alors outre la qualité incontestable qu'ils ont de rechauffer la terre ils la divisent et la rendent plus féconde, il en est de même des plantes légumineuses et des arbres. En effet, il y a des légumes qui demandent beaucoup de fumier, d'autres au contraire le craignent ou réussissent mal dans les terrains nouvellement fumés. Il importe donc avant tout de connaître la manière de tirer bon parti des fumiers en les employant à propos sans ménagement comme sans prodigalité.

Du fumier de cheval.

—

Le fumier de cheval, de mulet ou d'âne, sert ordinairement à la confection des couches ; il doit être frais, c'est-à-dire nouvellement sortit de l'écurie.

Tous les propriétaires et jardiniers savent que les couches bravant la rigueur de l'hiver, forcent pour ainsi dire la végétation à nous procurer des légumes et des fruits bien avant la véritable saison de leur maturité, surtout quand elles sont bien établies.

Du fumier de Bœuf.

—

Le fumier de bœuf ou de vache, convient de préférence aux terres sablonneuses, légères et chaudes, attendu qu'il est propre à donner à ces terrains une liaison et une consistance qui leur manque.

Du fumier de cochon.

—

Le fumier de cochon, employé seul, ne vaut guère par la raison qu'il est dépourvu en partie de principes actifs, il est donc indispensable avant de l'employer de le mélanger à d'autres fumiers, tels que ceux déjà cités.

Du fumier de mouton et de chèvre.

—

Outre le fumier de cheval, de bœuf, de cochon, etc., déjà cité, le meilleur fumier, le fumier le plus riche et le plus gras, celui qu'on emploie pour ainsi dire partout et dans tous les terrains, notamment dans ceux d'une nature forte et humide, et qui fait pourtant merveille, c'est celui de mouton et de chèvre, ce fumier est très chaud, il abonde en principes , et sous son influence les plus mauvais terrains sont forcés de produire, aussi doit-il être préférés à tous les autres.

Des fientes de volailles.

Les fientes des diverses espèces de volailles, telles que: pigeons, poules, dindons et autres, etc., sont aussi très bonnes et surpasseraient le fumier de monton ; mais leur rareté et leur force obligent à ne point les employer seules, et pour cela, il convient de les associer à d'autres engrais, attendu qu'on ne les emploie que pour renouveler la fumure trop faible de certains jardinages. Les balayures des maisons, les marcs des raisins sortant de la cuve, les végétaux décomposés conviennent pour ce mélange. Il est bon pour cela d'avoir (comme je l'ai dit en parlant des vignes) dans son jardin un endroit creusé pour recevoir toutes les substances propres à devenir engrais et dont il sera facile d'avancer la décomposition en y jettant de temps à autre quelque peu de chaux.

Composition simple et facile d'un engrais supérieur, d'un très bon usage pour la fumure des terres, suivi de ses avantages économiques en rapport avec les dépenses de composition pour ces diverses espèces d'engrais.

Beaucoup, parmi le grand nombre, ont parlé avec avantage de la chaux animalisée; mais parmi tant de recettes diverses qui ont été publiées depuis quelques années, et qui n'ont cessé d'inonder les divers journaux et livres d'agriculture, il en est bien peu dont la méthode simple et facile, soit devenue pour le propriétaire un garant sûr et réciproque pour rendre fertiles des jachères restées incultes depuis bien des années, et dont le revenu, si elles étaient exploitées, offrirait dans la suite de très grands avantages. Ayant donc par moi-même, et à plusieurs reprises eu l'occasion d'essayer ces divers engrais, et ayant remarqué que tous ne réussisaient pas très bien suivant la nature du terrain, je me décidai dès lors, marchant sur les traces de mes prédécesseurs, et mettant en pratique mes connaissances agricoles, de trouver un mode de composition simple et facile, ayant la chaux pour base, et pouvant par son emploi surpasser de beaucoup les divers composés dont j'avais fait usage jusqu'à ce jour pour l'entretien rural de mes propriétés. Etant enfin parvenu à force de soins et d'essais en tout genre à trouver la solution de mon problême, et désireux d'en faire partager les avantages, je vais en donner ici la recette :

Choisissez pour votre préparation une écurie assez vaste où il n'y ait rien dedans, ou à défaut un hangar recouvert, de manière à ce que votre fumier puisse être garanti des intempéries du temps; mettez sur le sol une couche de terre un peu humide, et par dessus cette couche de terre, une couche de fumier récent et sur cette couche de fumier, une couche de chaux en poudre ou en pierre, que vous ferez réduire, en jetant dessus un peu d'eau ; mélangez le tout ensemble avec une pioche, mettez ce mélange dans un coin et recommencez la même opération jusqu'à ce que tout votre fumier soit épuisé.

Cela fait, rangez avec soin votre fumier et mettez par dessus votrem élange une couche de terre de 5 centimètres d'épaisseur toujours humide, et que vous aurez soin de bien presser avec les pieds pour empêcher la fermentation de se répandre au dehors. En opérant de cette manière vous serez sûr de doubler la quantité de vos fumiers, et vous obtiendrez un engrais bien supérieur à ceux dont vous pouvez avoir fait usage pour la fumure de vos terres. Un tombereau de ce fumier vaut autant que trois de fumier ordinaire, aussi il est facile de voir par là les grands avantages qu'on peut retirer relativement à cette manière de procéder. Après quinze jours au plus tard, retournez votre tas de fumier, et ajoutez y encore un peu de terre fine et humide, remuez bien le tout, entassez de nouveau et au bout de huit jours mettez votre fumier en terre ou dans vos prairies, dans les proportions d'une partie pour trois; les résultats que vous en obtiendrez, répondront au peu de peine que vous pourrez vous donner (*).

Observation.

—

Cet engrais convient à toutes les terres, mais plus particulièrement encore à celles qui sont d'une nature humide où il fait merveille, pourvu qu'on l'enterre assez profondément. On s'en sert pour les prairies où il est facile si l'on veut d'en doubler une seconde fois la valeur en l'associant à d'autres fumiers, et en doublant la quantité de chaux. Il peut dans ce cas remplacer les tourteaux, qui, tout en étant d'un prix trop élevé pour certains propriétaires, ont encore le grand désavantage

(*) Outre les avantages que je viens de faire connaitre, ce compot a la propriété de réduire en poudre les diverses litières qu'on peut y ajouter, telles que buis, lavande, genêt et autres, etc.

d'épuiser la terre en la forçant à produire sans la nourrir. Je donnerai ci-après le moyen de s'en servir et de l'employer avec avantage, en ce qui concerne l'alimentation des prairies artificielles, dont je dirai quelques mots, parce qu'elles sont d'un grand secours et pas assez connues des propriétaires qui pourront désormais en retirer un revenu considérable.

De la fumure de l'olivier.

Je n'entreprendrai pas d'établir ici des règles pour la fumure, la taille et l'entretien de l'olivier qui sont connues de tout le monde, seulement, dans l'intérêt de la société, je me permettrai de citer trois différents moyens de fumer, ou pour mieux dire d'entretenir l'arbre en bon état, qui paraitront peut être un peu nouveaux, mais qui, avec cela, facilitent d'une manière prodigieuse le développement de l'arbre et en augmentent la production.

Le premier est celui-ci :

A l'époque où l'on fait ébourgeonner les vignes, (ce qui a lieu dans le courant du mois de juin) il faut avoir soin de bien ramasser tous les bourgeons qu'on ôtera et qu'on disposera ensuite en petits fagots afin de les transporter plus facilement à l'olivette, après quoi on fera un trou tout au tour du tronc de l'arbre jusqu'à ce qu'on arrive aux racines, en ayant soin, durant cette opération, d'enlever toutes les mauvaises herbes qui pourraient s'y trouver, de même que les menues racines qui naissent quelquefois d'autres plus fortes, et qui forment un espèce de chevelu plutôt nuisible à l'arbre qu'utile. Cela fait, on remplira le trou des bourgeons de vigne qu'on aura apporté, de même que des mauvaises herbes qu'on aura enlevé et que l'on foulera fortement avec les pieds. Ensuite on prendra dans un endroit quelconque de la terre neuve et meuble un peu grasse s'il se peut, ce qui est encore mieux, ou, à défaut de la terre provenant des dépôts de rivière ou canaux d'arrosage et on en recouvrira les fagots, en ayant soin, s'il est possible, de les surcharger un peu, surtout si la terre ne manque pas, en opérant de la même manière comme s'il s'agissait tout simplement de changer la terre à vos arbres.

L'olivier qui a reçu cette opération n'a plus besoin pendant cinq années d'autre fumure ni d'aucun autre soin à part la culture, qui, comme on sait, lui est indispensable. Quelques-uns peut être vont m'en demander la raison, et me dire, comment il peut se faire qu'avec si peu de chose un olivier puisse prospérer pendant 5 années? La raison est bien simple en ce que les bourgeons de vigne tenant la terre qu'on a rapportée en suspens facilitent le développement des racines de l'arbre au lieu de les tenir serrées, et de plus ils sont d'un excellent augure pour faciliter l'écoulement des eaux pluviales, qui, avec cela humectent parfaitement les racines de l'arbre et le tiennent dans un état de fraicheur continu, ce qui n'est pas peu de chose.

Le second moyen dont les avantages sont à peu près semblables au premier, consiste à creuser un trou de 1 m. c. plus ou moins, et à une distance de 1 m. à 1 m. 50 en dessus du tronc de l'arbre, puis y enfouir une partie du menu bois qu'on aura enlevé aux oliviers en les émondant. Il peut arriver néanmoins que le bois de chaque arbre ne suffise pas pour sa fumure comme il peut bien se faire aussi que la quantité soit plus que suffisante surtout si l'arbre est plus grand. Du reste, cela reste à la connaissance du propriétaire qui doit voir et juger par lui-même de la quantité nécessaire. On foule de nouveau avec les pieds et on recouvre ensuite avec la terre comme il a été dit précédemment, les résultats qu'on en obtient sont les mêmes pour empêcher que la sécheresse ne s'empare des racines des arbres surtont si le terrain où ils sont plantés est par sa nature un peu sec.

Le troisième et dernier moyen qui est le même que le second, peut être d'une très grande utilité toutes les fois qu'il s'agit d'enlever les pierres et cailloux qui se trouvent quelquefois disséminés en très grand nombre sur la surface d'un champ. On peut dans ce cas creuser des trous de 1 à 2 mètres carrés, destinés à recevoir les pierres et à une distance de 2 à 3 m. en dessus du pied de l'olivier Si, après cela, on a soin d'établir avec une pioche une petite rigole qui vienne aboutir au trou, les eaux pluviales qui si réuniront maintiendront en temps de sécheresse la fraîcheur des racines, sans nuire en aucune manière au développement de l'arbre. Cette méthode qui est celle que j'ai toujours suivi pour l'entretien de mes oliviers, peut être regardée comme infaillible, et je puis dire avec raison que depuis bien des années que je ne cesse de la mettre en pratique, mes oliviers ont acquis sur le rapport de la production, de la beauté et de la vigueur la prépondérance sur tous ceux du pays.

Une dernière opération que peu de gens mettent en pratique, et que je recommande comme étant d'une utilité incontestable à l'entretien de l'olivier, est celle qui consiste à enlever l'écorce morte, dont le pied de l'arbre, et quelquefois les branches sont recouvertes. Cela est tellement nuisible aux oliviers de même qu'aux autres arbres, que ceux qui en sont recouverts cessent non seulement de produire, mais finissent par sécher sur leur pied si on n'a pas soin de les en débarrasser en temps opportun. Je ne m'étendrai pas davantage là-dessus en faisant une théorie longue et détaillée de tout ce qu'il y aurait à dire sur un arbre qui mérite tous nos soins; il suffit seulement pour arriver à un but certain, de mettre en pratique les quelques leçons que je viens de donner.

Des prairies artificielles.

On désigne sous le nom de prairies artificielles, les divers fourrages qui nous sont produits et que l'on obtient au moyen de diverses graines que l'on sème dans un champ au commencement du printemps, et que l'on fauche ensuite au mois d'août ou souvent une année après pour la nourriture des bestiaux. Parmi ces graines beaucoup sont inconnues dans nos pays, malgré cette grande affluence qu'ont eu nos fermes-écoles, qui semblaient dans un moment rivaliser à tout, par la variété et l'élégance de leurs produits ; mais qui de même qu'au méthéore qui brille et s'éteint au même instant, ayant été reconnues pour ne pas être dans le fond, ce qu'elles étaient en apparence, c'est-à-dire ne produire que par le secours de mains secondaires, cette grande variété de choses qui lui avaient valu les premières primes d'honneur dans tous nos concours régionaux, au détriment de tant de braves agriculteurs d'un mérite supérieur, doivent être privées du droit et de l'honneur de concourir. Laissons donc mes chers collègues et amis, aux fermes-écoles l'honneur des grandes découvertes agricoles, et parlons seulement de ce qui est connu ! Parmi les graines fourragères qui composent ordinairement les prairies artificielles de nos pays, je ne parlerai que de trois comme étant connues de tout le monde et que je nommerai trèfle, sainfoin et luzerne. Ces trois espèces de graines ne sont pas bonnes la même chose lorsqu'il s'agit de les semer dans tel ou tel terrain. Ainsi, par exemple, le terrain qui convient au trèfle serait moins bon pour la luzerne, attendu que le trèfle exige un terrain gras et bon, et de plus beaucoup d'arrosage ; ce qui est le contraire pour la luzerne qui demande un terrain grès et moins bon. Quant au sainfoin nous pouvons dire qu'il vient partout, mais avec cela, il peut tenir le milieu entre les deux autres. Dans les pays froids de nos montagnes, où les fruits, les vignes et tant d'autres denrées ne réussisent qu'avec peine, les fourrages doivent constituer le principal revenu. La luzerne, dans ce cas, ainsi que le sainfoin peuvent être d'un très grand avantage. Pour qu'un fermier ou un propriétaire quelconque, put se tirer honorablement d'affaire, il faudrait au moins que la valeur des fourrages d'une année suffit pour payer le fermage. De cette manière un fermier serait encouragé et travaillerait avec goût. Il est donc très important d'établir ici des règles pour tâcher s'il est possible de récolter beaucoup de foin ; c'est là le seul moyen d'avoir à sa disposition une ressource des plus importantes dans une époque où le blé pourrait manquer et où les prix seraient en baisse. Les fourrages se vendent toujours assez bien de même que les fumiers. Les propriétaires et fermiers intelligents, doivent donc faire tout leur possible pour restreindre autant qu'ils pourront le faire, l'étendue des terres semées en céréales, surtout si elles sont mauvaises, plutôt que de trop développer la culture du blé dans des terres maigres, et où les récoltes se réduisent presque à rien. Il vaut bien mieux former des pâturages et récolter du foin dans un mauvais terrain, que de le laisser inculte ou l'ensemencer en blé, pour n'y rien récolter. Il s'agit seulement de trouver une graine capable de résister au froid pendant l'hiver et à la sécheresse pendant l'été, afin de pouvoir par ce moyen améliorer rapidement nos montagnes en défrichant une partie des pâturages qu'on pourrait ensemencer, pour plus tard les renouveler, avec cet avantage que l'on obtiendrait ainsi de bonnes récoltes en blé, qui ne donneraient lieu qu'à de faibles dépenses. Cette graine nous pourrons la trouver dans la luzerne, que je regarderai à juste titre comme étant celle des plantes qui occupe le premier rang dans le choix des plantes fourragères tant par sa durée que par sa valeur. La luzerne est bonne à tout, non seulement comme fourrage, mais parce qu'elle peut étant verte, servir d'aliment aux cochons dans une saison où l'on a souvent de la peine à les nourrir, et où les grands travaux des champs empêchent quelquefois d'en avoir tous les soins nécessaires. C'est à cause de ces raisons que tous les propriétaires, habitant des campagnes devraient en avoir quelques ares attenant à leurs habitations. Pour en avoir toujours de tendre et de fraîche, il suffit à mesure que le besoin le demande, avoir soin d'en couper tous les jours la quantité nécessaire pour le repas des cochons et continuer ainsi jusqu'à ce que tout le morceau soit rasé; on recommence alors à couper dans l'endroit qui avait été rasé en premier lieu et on continue de même. De cette manière on pent avoir pendant tout l'été une nourriture assez bonne pour l'alimentation des cochons, nourriture qui vaut beaucoup mieux que les feuilles de betteraves et que tout le monde ne peut pas avoir en très grande quantité. De plus, on a cet avantage qu'on peut retirer deux récoltes de la luzerne, c'est-à-dire qu'on peut la couper une première fois pour servir de fourrage aux bestiaux, et en second lieu pour faire la récolte de la graine qui, comme on le sait, se vend parfaitement bien, 1 f. à 1 f. 50 le k. Je dois citer à ce sujet quelques-uns des bons résultats que j'ai obtenus dans mes propriétés pour l'établissement des prairies artificielles, et qui à diverses époques m'ont été d'un grand secours pour l'alimentation de mes bestiaux, et d'un bon revenu pour la graine. En effet, il arrive très souvent, et cela dans les campagnes froides situées dans les montagnes, et habitées par des propriétaires peu aisés et peu instruits dans les connaissances agricoles, que le plus souvent ils manquent de fourrages nécessaires pour la nourriture de leurs bestiaux pendant la saison d'hiver, à tel point qu'ils sont quelquefois obligés de les vendre avec perte n'ayant plus de quoi les nourrir. Je pardonne à ces braves gens leur ignorance, tout en leur apprenant à tirer meilleur parti de certains terrains ou jachères incultes dont ils ne font aucun cas, et dont le revenu en graine ou en fourrage suffirait très souvent comme je l'ai dit plus haut à payer le fermage. En cela, je pourrais bien dire avec juste raison que quelquefois ils marchent sur l'or sans le voir et que très souvent leur misère est volontaire. Pour donner une preuve de ce que j'avance, je ne chercherai pas à m'appuyer comme je l'ai déjà dit plusieurs fois dans ce livre sur les expériences d'autrui, en citant des faits que j'aurais entendu raconter, que je ne connaîtrais pas, et dont je ne pourrais par conséquent donner la preuve. Tout ce qu'il y a d'écrit dans mon livre, je puis le prouver en tout et partout, et en garantir l'authenticité. Je ne citerai donc ici que ce qui m'est arrivé à moi-même.

En 1855, je fis arracher une portion de vigne complantée dans un terrain grès, très pierreux, ayant peu de terre à sa surface, mais néanmoins d'un assez bon fonds. Après avoir ensemencé en blé cette propriété, j'essayais d'y répandre au commencement de février, un mélange de luzerne et de sainfoin qui me donna l'année suivante, et pendant cinq années consécutives un fourrage magnifique, et de plus chaque année une bonne récolte en graines. Au bout de ce temps le sainfoin ayant presque entièrement disparu, je me décidai de mettre de nouveau en blé ma propriété ; mais pour cela il fallait lui donner une nouvelle culture. Je me mis donc à l'œuvre pensant qu'à l'aide d'une charrue à deux colliers je pourrais sans peine extraire toutes les racines que la luzerne avait formé pendant les cinq années précédentes ; mais je ne tardai pas à m'apercevoir que ce travail me prenait trop de temps, et m'étant décidé dès lors à laisser exister la luzerne, je semais par dessus mon grain, comme on aurait fait dans un champ cultivé sans rien arracher des racines. Si je disais que l'année suivante ma récolte en blé fut double des autres années, le croirait-on? Après la moisson, voyant que ma luzerne poussait de nouveau avec force j'essayai d'y jeter quelques nouvelles graines pour suppléer aux plantes manquantes et que j'avais arraché avec la charrue. L'année suivante ma récolte en fourrage fut magnifique et d'une apparence telle qu'il n'est pas possible de décrire, et de plus, une seconde récolte en graines. Depuis cette époque je laisse exister ma prairie que je sème toutes les trois années, toujours en laissant exister la luzerne, et à chaque fois ma récolte est double ; de telle sorte qu'à mesure que mon travail diminue, mon bénéfice augmente.

Il est facile de voir par là les grands avantages qu'on peut retirer de certaines terres maigres qu'on dit être bonnes à rien et que l'on néglige, attendu que les récoltes en céréales ou en légumes sont presque toujours mauvaises.

Il existe encore un moyen puissant pour l'établissement des prairies artificielles; c'est dans les terrains situés en pente douce où on trouve quelquefois des petits ravins toujours à sec, que les eaux d'orage ont creusé dans l'intérieur des terres et qui ne sont alimentés que par l'écoulement des eaux pluviales. Il est très facile d'établir dans ces endroits des prairies qui donnent ordinairement les plus beaux résultats. Mais afin d'arriver à un but certain, il est indispensable pour cela de faire des petites retenues à 50 m. de distance l'une de l'autre au moyen de piquets en saule, peuplier, etc., qu'on place par rangées au nombre de dix, douze, ou quinze, suivant la largeur du ravin et autant en longueur; ensuite on enlace des branches d'osier à travers ces piquets pour former une retenue; on retire alors de droite et de gauche la terre qui se trouve de chaque côté du ravin, afin d'en combler plutôt l'intérieur, et lorsqu'on s'aperçoit que le ravin est en partie comblé, on y sème, un mélange de luzerne et de sainfoin, ou si l'on veut de la luzerne seule, ce qui est encore mieux. Personne ne saurait se faire une idée des beaux fourrages qu'on peut récolter dans ces sortes d'endroits, surtout si on a soin d'y répandre la seconde année quelque peu du fumier dont j'ai fait connaître ci-devant la composition.

C'est à l'aide de ce système que je suis parvenu à combler un nombre infini de petits ravins qui m'occasionnaient en temps d'orage quelques dommages dans une de mes campagnes située à la cime d'un coteau un peu en pente, et que j'ai remis de niveau avec le terrain, au point de n'être plus incommodé par les eaux. Cela doit suffire je pense, pour donner aux propriétaires une idée de ce travail que je considère comme étant d'une utilité incontestable sous le rapport des fourrages. La luzerne réussit parfaitement dans un terrain pauvre pourvu qu'on ait soin toutefois de le défoncer convenablement et qu'on peut ensuite laisser exister pendant vingt années, ce qu'on ne pourrait faire pour amcune autre espèce de graine. Il est très indispensable pourtant si on veut toujours obtenir de bons résultats d'y répandre toutesles années un peu du fumier déjà décrit. Si tous les propriétaires peu aisés et possédant des terres souvent incultes, savaient mettre en pratique le système que je donne, ils béniraient bientôt celui qui le leur a fait connaître.

Des Charrues.

Tout le monde connaît les charrues, chacun sait que ce sont des instruments aratoires qui servent à labourer la terre et qui nous sont d'un grand secours; mais tous n'en connaissent pas les défauts ni la manière de s'en servir comme il faut.

Il existe plusieurs genres de charrues que je ne décrirai pas, attendu qu'on ne s'en sert que rarement dans nos pays et dont par conséquent je ne puis décrire les défauts, si toutefois elles en ont; car il est indispensable de se servir d'un instrument comme de tout autre chose pour en connaître les vices. Je ne parlerai ici que d'une seule espèce de charrue, de celle dont nous nous servons habituellement dans nos pays, qui sert à tous nos travaux, que tout le monde connaît, qui a été approuvée par le gouvernement et que tous ont regardé comme un instrument parfait, malgré le grand défaut qui existe : C'est la charrue Dombasle dont je veux parler.

Ce n'est pas que je veuille désapprouver un genre de charrue dont je me sers moi-même et qui est bien dans un sens sous le rapport de la forme, je veux seulement en relever un défaut que j'ai appris à connaître moi-même en m'en servant longtemps pour l'entretien rural de mes propriétés.

Je suis assuré d'avance que ceci ne sera peut-être en aucune manière de l'avis de l'inventeur, mais avec cela, il est juste, dans l'intérêt de la société de donner un moyen que je suis sûr d'avance que tout le monde approuvera afin de faciliter le travail des chevaux et de l'ouvrier, le rendre meilleur sans toutefois qu'il soit besoin de refaire la charrue. Il s'agit seulement de perfectionner l'instrument et trouver au moyen de quelques améliorations la manière de faire un meilleur travail avec moins de chevaux.

Ce moyen le voici :

Pour remettre une charrue quelconque dans le genre de celle dont je viens de parler, en état de fonctionner librement et sans peine, il faut que le morceau de fer qui forme une partie du soc soit d'une longueur moyenne de 0m,05c pour les petites charrues et de 0m,07c à 0m,08c pour les plus fortes, selon la conformité de l'instrument. Cette largeur favorise pour placer la lague qui termine le soc et lui donner un peu plus de longueur, il faut que la lague tombe perpendiculairement dans la forme de l'échancrure de la fonte que forme la charrue, en sorte qu'il n'y ait que les deux extrémités du soc qui touchent le sous sol, et de plus il faut que l'extrémité de la lague dépasse de 0m,02c seulement le morceau de fonte; c'est là le seul moyen d'obtenir un soc parfait, bien allongé et très-bien conditionné, avec une pareille réparation il vous sera très-facile de mettre votre charrue à la disposition de tous les terrains, attendu qu'elle glissera avec beaucoup plus de facilité et qu'elle développera mieux la terre, l'ouvrier prendra moins de peine, de même que les chevaux, et le travail sera meilleur.

Dans les terrains pierreux vous aurez cet avantage que la charrue se tiendra toujours au même niveau, seulement il est indispensable pour faire un bon travail de ne prendre de terre que la largeur du soc.

Moyen de construire une charrue, de manière à imiter la défonceuse et faire avec deux chevaux le même travail qu'avec trois.

Il est très-facile d'arriver à ce but par un moyen bien simple que je vais donner, dont je suis le seul propriétaire et inventeur, moyen qui est encore inconnu et que j'ai trouvé dans la pratique des travaux, mais que par un modèle que je donnerai et que je vais décrire je me dispose de mettre sous les yeux des ouvriers fondeurs et forgerons qui pourront s'en servir et disposer pour la confection des charrues.

1° Il faut pour cela ne donner au déversoir qu'une longueur de 0m,38c et une hauteur de 0m,30c à partir du derrière de la lague en ce qui forme la partie du deversoir.

2° La jambe qui forme le devant du deversoir à partir du bout du soc, doit avoir 0m,45c en ayant soin toutefois d'établir son soc comme je l'ai dit dans mon précédent article. On obtient par ce moyen un soc qui s'enfonce mieux dans le terrain sur lequel on travaille; la charrue développe mieux la terre et enfouit mieux le fumier, les herbages et autres plantes quelconque ne s'encombrent pas autant au devant de la charrue, et de plus, la hauteur de l'instrument s'insinue parfaitement avec la portée des chevaux, en sorte que le tout réuni procure tout les avantages qu'on peut désirer; car en général toutes les charrues pèchent pour n'être pas assez élevées ou pour être trop matérielles, ce qui fatigue beaucoup les chevaux.

De l'attelage des charrues.

—

Presque tous les propriétaires (et je m'adresse plus particulièrement encore à ceux de nos pays) sont dans l'habitude lorsqu'ils attèlent leurs chevaux à la charrue d'atteler ceux qui sont placés devant au collier de ceux qui sont placés derrière, croyant par là peut-être faire un meilleur travail; Mais ils se trompent, car ils obtiennent beaucoup moins de force, et de plus la charrue ne marche jamais bien d'aplomb. Le moyen que voici leur sera dans tous les cas plus avantageux.

Ayez une petite chaîne en fer garnie de deux crochets qui doivent servir pour accrocher intérieurement les colliers des deux derniers chevaux que l'on baisse ou que l'on relève selon que besoin en est. Ayez ensuite une autre chaîne qui serve à joindre la première au palonnier du timon, en observant toutefois que le palonnier de devant reste entre le museau et le collier des deux derniers chevaux, afin d'obtenir une plus grande force; par ce moyen chacun des chevaux est obligé de contribuer pour sa part de force au travail. Si parmi le nombre il s'en trouve un de plus fort que les autres, il faut le placer devant, c'est le moyen d'assurer un bon travail et d'éviter ce qui arrive très-souvent que quelquefois deux chevaux sont obligés de faire le travail de trois.

Construction d'un instrument nouveau que j'ai inventé dans ma pratique, dont l'utilité est d'un emploi indispensable pour le cultivateur.

Cet instrument dont tous les cultivateurs riches et pauvres peuvent faire la dépense est d'une très-grande utilité et presque indispensable toutes les fois qu'il s'agit 1° d'enlever le chiendent que la charrue arrache ainsi que les autres mauvaises herbes : 2° de donner des binages dans des terrains légers et même jusqu'aux vignes; 3° décrouter la terre après une pluie trop forte; 4° de ramasser le menu bois qui reste après une coupe, de même que les feuilles d'arbres dans les petits sentiers des forêts, etc., etc. Un jeune enfant de 12 à 15 ans peut avec cet instrument faire dans un jour le travail que ferait à peine un homme avec les instruments d'usage. Quant à sa construction la voici:

Il faut prendre un trident ou fourche de fer que tout le monde connait, et qu'on range en forme de pioche en faisant abaisser les trois pointes ; on emmanche ensuite l'instrument avec un bâton de 1^{m}, 25^{c} à 1^{m},50^{c} de longueur et le tout est terminé. Personne ne saurait se faire une idée de l'utilité de cet instrument avant d'en avoir fait l'expérience ; mais je suis plus que convaincu que lorsqu'il sera bien connu on le classera au premier rang des instruments agricoles.

Des vers-à-soie.

Je n'entreprendrai pas ici d'écrire l'histoire détaillée du ver-à-soie, je me bornerai seulement à faire connaître son origine, de même que les diverses métamorphoses qu'il subit en m'appuyant sur le témoignage du savant M. Milne Edward, membre de l'Institut de France, Doyen de la Faculté des sciences de Paris, Professeur au museum d'histoire naturelle, dans son traité d'histoire naturelle, tome premier, page 492.

« Cet insecte, dit le savant professeur, est originaire des provinces septentrionales de la Chine, et ne fut introduit en Europe que dans le VI siècle. Des missionnaires grecs en apportèrent des œufs à Constantinople sous le règne de Justinien, et, à l'époque des premières croisades, sa culture se répandit en Sicile et en Italie ; mais ce ne fut guère que sous le règne de Henri IV que cette branche d'industrie agricole acquit quelque importance dans nos provinces méridionales, dont elle forme aujourd'hui l'une des principales richesses.

« Les œufs du bombyx du mûrier sont désignés par les agriculteurs sous le nom de *graine de ver-à-soie*. Quand ils ont été exposés à l'air, ils ont une teinte gris cendré ; et, avec quelques soins, on peut les conserver ainsi pendant assez longtemps sans les détériorer. Pour que le travail de l'incubation commence et que les larves éclosent, il faut que les œufs soient, pendant quelque temps, sous l'influence d'une température d'au moins 15 à 16 degrès centigrades. Après avoir éprouvé 8 ou 10 jours de chaleur croissante, ils deviennent blanchâtres; et, bientôt après les larves commencent à en sortir. Ces petits animaux, au moment de la naissance, n'ont qu'environ une ligne et un quart de long. Leur corps est allongé cylindrique annelé ras et ordinairement couleur grisâtre ; à son extrémité antérieure on distingue une tête formée par deux espèces de calottes dures et écailleuses, sur lesquelles on remarque des points noirs, qui sont des yeux ; la bouche occupe la partie antérieure de cette tête et est armée de fortes machoires ; les trois anneaux suivants portent chacun une paire de petites pattes écailleuses, et représentant le thorax : enfin l'abdomen est très-développé et ne porte pas de membres sur les deux premiers segments, mais est garni postérieurement de cinq paires de tubercules charnus qui ressemblent à des moignons et qui constituent autant de pattes.

« Dans le midi de la France, (ainsi que dans nos pays) on appelle les vers-à-soie des *magnans*, et de là le nom de *magnanerie* qu'on donne aux établissements dans lesquels on les élève.

Des soins qu'on doit donner aux vers-à-soie après leur naissance.

—

« Le premier soin que les vers-à-soie réclament après leur naissance est de les séparer de leurs coques et de les placer sur des claies où ils trouvent une nourriture appropriée à leurs besoins. Pour cela, on a l'habitude de recouvrir les œufs d'une feuille de papier criblée de trous, à travers lesquels les vers montent pour arriver jusqu'aux feuilles de mûrier placées au-dessus ; et c'est lorsqu'ils sont sur les rameaux garnis de ces feuilles qu'on les transporte sur les claies préparées pour leur servir de demeure. La nourriture du ver-à-soie consiste en feuilles de mûrier, et c'est par conséquent de la culture de cet arbre que dépend la possibilité d'élever ces insectes Le mûrier blanc est l'espèce la plus généralement employée à cet usage; c'est un arbre qui s'élève à quarante ou cinquante pieds, et qui donne quatre ou cinq quintaux de feuilles, quelquefois même dix ou douze. Il s'accommode assez bien de tous les terrains, et on le cultive avec succès jusque dans le nord de l'Europe; mais il n'y croit nulle part sauvage. En effet, ce mûrier est originaire de la Chine. Deux moines grecs l'introduisirent en Europe vers le millieu du VIe siècle en même temps que les vers-à-soie. Sa culture se répandit bientôt dans la Pélopo-naise, et fit donner à cette partie de la Grèce son nom moderne de Morée. De là les mûriers et les vers-à-soie passèrent en Sicile par les soins du roi Roger, et prirent dans la Calabre une extension rapide. Quelques gentilshommes qui avaient accompagné Charles VIII en Italie pendant la guerre de 1494, ayant connu tous les avantages que ce pays retirait de cette branche d'agriculture, voulurent en doter leur patrie et firent apporter de Naples des mûriers, qu'on planta dans la Provence et dans le Dauphiné. Il y a une trentaine d'années, on voyait encore à Allan, près de Montélimart, le premier de ces arbres planté en France : il y fut apporté par Guy, Pope de Saint-Auban, seigneur d'Allan. Aujourd'hui, les mûriers couvrent une grande partie du midi de la France et se cultivent même dans le nord.

« Les vers-à-soie vivent à l'état de larve environ 34 jours, et, pendant ce temps, changent quatre fois de peau; le temps compris entre ces mues successives constitue ce que les agriculteurs appellent les divers âges de ces petits animaux. A l'approche de chaque mue, ils s'engourdissent et cessent de manger; mais, après avoir changé de peau leur faim redouble. On appelle *petite frèze* le moment de grande appétit qui précède chacune des quatre premières mues, et *grande frèze* celui qui se remarque dans le cinquième âge du ver. La quantité de nourriture qu'ils consomment augmente rapidement. On compte que, pour les larves provenant d'une once de graine, il faut ordinairement sept livres de feuilles pendant le premier âge dont la durée est de 5 jours; 21 livres pendant le second âge, qui dure seulement 4 jours; 70 livres dans le troisième âge qui dure 7 jours; 210 livres pendant le quatrième âge, dont la durée est égale à celle du troisième âge, et 12 à 1300 livres pendant le cinquième âge. C'est le sixième jour du dernier âge qu'a lieu la *grande frèze*. Les vers dévorent alors 2 ou 300 livres de feuilles, et font, en mangeant, un bruit qui ressemble à celui d'une forte pluie. Le deuxième jour, ils cessent de manger et s'apprêtent à subir leur première métamorphose. On les voit alors chercher à grimper sur les branches de petits fagots qu'on a soin de placer au-dessus des claies où jusqu'alors ils sont restés. Leur corps devient mou, et il sort de leur bouche un fil de soie qu'ils traînent après eux. Bientôt ils se fixent, jettent autour d'eux une multitude de fils d'une finesse extrême qu'on appelle *banc* ou *banne*, et, suspendus au millieu de ce lacis, filent leur cocon, qu'ils construisent en tournant continuellement sur eux-mêmes en divers sens et en enroulant ainsi autour de leur corps le fil qu'ils font sortir de la filière dont leur lèvre est percée. La soie ainsi formée se produit dans des glandes qui ont beaucoup d'analogie avec les glandes salivaires des autres animaux, et la matière dont elle est composée est molle et gluante au moment de sa sortie, mais ne tarde pas à se durcir à l'air. Il en résulte que les divers tours de ce fil unique s'agglutinent entre eux et constituent une enveloppe dont le tissu est ferme et dont la forme est ovoïde. La couleur de cette soie varie : tantôt elle est jaune, tantôt d'un blanc éclatant, suivant la variété du ver qui l'a produite, et la longueur de chaque fil dépasse souvent 600 mètres, mais varie beaucoup ainsi que le poids des cocons. Les vers nés d'une once de graines peuvent en donner jusqu'à 130 livres; mais une telle récolte est rare, et souvent on n'en retire que 70 à 80 livres de cocons.

« En général, trois jours et demi à quatre jours suffisent aux vers-à-soie pour achever leur cocon et si l'on ouvre ensuite cet espèce de cellule, on voi que l'animal n'offre plus le même aspect qu'avan sa réclusion, il a pris une couleur brune, sa peau ressemble à de vieux cuir, et sa forme est ovoïde, u peu pointue à son extrémité postérieure. On n' distingue plus ni tête, ni machoires; mais sa portio postérieure est occupée par des anneaux mobiles tandis qu'en avant on remarque une bande obliqu disposée en écharpe et représentant les ailes future de l'animal parfait. Le temps pendant lequel le bombyces restent ainsi renfermés à l'état d chrysalide varie suivant la température. Si l chaleur est de 15 à 18 degrés, ils en sortent à l'ét parfait du dix-huitième au vingtième jour. Pou percer leur cocon, ils en humectent une extré mité avec une liqueur particulière qu'ils dégorgen et ensuite ils heurtent avec violence leur tête cont le point ainsi ramolli. Lorsque le bombyx a de sorte achevé les métamorphoses, il se présente so la forme d'un papillon à ailes blanchâtres, sa bouc n'est plus armée de mâchoires comme dans le jeun âge, mais se prolonge en une trompe roulée en spirale; ses pattes sont grêles et allongées, et sa conformation intérieure diffère autant de celle de la larve que sa forme extérieure.

Presque aussitôt après leur naissance, les papillons se recherchent entre eux, ensuite les femelles pondent leurs œufs, dont le nombre s'élève à plus de 500 pour chacun des insectes; enfin, après avoir vécu à l'état parfait pendant dix à vingt jours, ils meurent. »

J'ai fait connaître en peu de mots l'histoire résumée des vers-à-soie, je vais tâcher à présent de donner par un procédé bien simple la manière de garantir ces insectes des maladies dont ils sont généralement atteints, et le moyen d'arriver à un bon résultat.

Précautions à prendre pour prévenir la maladie des vers-à-soie.

Les vers-à-soie sont sujets à des maladies que je ne décrirai pas et que tout le monde connait. Je ferai seulement connaître d'après une longue expérience; (car je ne parle que d'après l'expérience) quelques-uns des moyens à l'aide desquels, s'ils sont bien employés, on pourra aisément les en garantir.

1° On doit autant que possible se procurer de bons œufs ou semence qu'on reconnait en ce qu'ils ont une couleur plus foncée que les autres, ensuite parce qu'ils éclatent bien lorsqu'on les écrase avec les ongles et qu'ils sont remplis d'un liquide visqueux; on peut encore les reconnaître lorsqu'en les jetant dans l'eau ils ne surnagent pas dessus.

On doit conserver avec soin cette graine en la tenant dans des endroits secs et tempérés pendant la saison d'hiver, et frais pendant le printemps jusqu'à ce qu'on veuille hâter leur naissance.

2° Le temps le plus sûr pour faire éclore les vers-à-soie ou magnans, pour me servir de l'expression de nos pays, est celui dont on n'a plus à redouter la rigueur du froid et où la feuille de l'arbre qui leur sert de nourriture est encore jeune et tendre, ce qui convient beaucoup aux vers nouvellement éclos.

3° Pour avoir toujours une bonne réussite, il importe après que les premiers vers sont éclos de jeter tous ceux dont la naissance aura été trop tardive, de même que les œufs qui pourraient encore rester.

Toutes ces dispositions étant prises, on doit disposer avec soin les appartements destinés à les recevoir en les préparant ainsi qu'il suit :

4° Les appartements destinés à recevoir les vers-à-soie doivent être bien aérés et d'une extrême propreté ; car on ne doit point oublier que la propreté dans ces animaux peut être regardée comme l'antidote préservatif des maladies dont ils sont généralement atteints. A cet effet, on doit si les appartements destinés à les recevoir sont neufs et nouvellement construits de même que les claies et planches leur servent de lit, les placer sur des feuilles de papier bien propre qu'on ne doit point manquer de renouveler toutes les fois qu'on leur ôte le fumier de la feuille, ce qui doit se faire le plus souvent possible, en ayant soin à chaque fois de séparer tous les vers qui sont reconnus pour n'avoir pas assez de vigueur.

Si au contraire les appartements destinés à recevoir les vers-à-soie ne sont pas frais, c'est-à-dire nouvellement construits et qu'ils aient déjà servi à d'autres ayant eu ou non la maladie, on doit s'efforcer de les approprier avec soin en n'ettoyant avec une couche de lait de chaux les murailles et le plafond de l'appartement, de même que les planches et claies si elles ont déjà servi après les avoir auparavant lavées à l'eau courante et très-proprement, puis les recouvrir comme je l'ai dit plus haut avec des feuilles de papier bien propres. Cette opération doit se répéter toutes les années inclusivement, attendu qu'on ne doit point placer sur des planches ayant déjà servi, et avant de les avoir auparavant bien lavées les vers nouvellement éclos; car ce manque de précaution suffit quelquefois pour leur donner la maladie.

Il faut aussi veiller avec soin au degré de température qui leur est le plus convenable selon l'âge et la vigueur des vers, les tenir ni trop chauds ni trop froids; renouveler l'air des appartements sans les incommoder, car l'air se corrompt facilement et un air trop longtemps détenu suffit pour les empoisonner et leur communiquer la maladie. Pendant les temps humides, il y a du danger de donner des feuilles mouillées aux vers-à-soie, il devient dès lors nécessaire de cueillir les feuilles avant la pluie ou du moins de les laisser sécher avant de les donner si toutefois on n'a pas pu faire autrement. Il est aussi indispensable de fermer les fenêtres et les abat-jour en temps d'orage, surtout à l'époque où le ver se dispose à faire le cocon ; car il est bien reconnu que cet insecte craint beaucoup le bruit du tonnerre ce qui l'empêche quelquefois de monter. On doit donc prendre des précautions pour suivre point par point ce que je viens de dire à ce sujet si l'on veut avoir une bonne réussite; car nous ne devons pas oublier que dans les provinces méridionales ainsi que chez nous, la récolte des vers-à-soie est une des plus fortes lorsqu'elle est bien réussie.

Observations.

—

Ce que je viens de dire au sujet des soins à donner aux vers-à-soie, me paraît juste et raisonnable. Beaucoup de personnes croiront peut-être que c'est à tort que je parle, et que les vers-à-soie réussissent tout aussi bien s'ils sont placés dans des appartemsnts très propres ou dans une vaste écurie comme quelques-uns sont dans l'habitude de le faire dans nos pays, que cela, comme ils disent « dépend des saisons. » Voila par exemple un beau raisonnement! mais qui n'est..... ni logique, ni rationnel. Je demande à ces gens afin de leur prouver toute la cupidité de leur ignorance et faire comprendre la raison, ce qui, certes, n'est pas toujours très facile. Lorsqu'une épidémie règne dans un pays ou dans une maison peu importe, que recommande avant tout le médecin? Les soins de propreté! Tenez-vous dira un médecin en rentrant dans un appartement où sera couché très souvent un pauvre malade dont la malpropreté et les miasmes qui s'élèvent de sa maison, lui feront quelquefois autant de mal que la maladie dont il est malheureusement atteint, tenez les fenêtres ouvertes, renouvelez cet air empoisonné qui assoupit le malade ; changez les draps de son lit, mettez une chemise propre sur son corps, et lorsque vous aurez obéi à tous ces ordres vous entendrez souvent un malade nous dire: «O que je suis bien!» Croyez-vous à présent, vous, MM. les beaux esprits, qui êtes si difficiles à convaincre et qu'on aurait souveut plus facile à détruire une loi qu'un idée conçue daus votre cerveau, croyez-vous que ce malade se serait mieux trouvé si, au lieu de suivre l'ordonnance du médecin comme il vient de le faire, vous aviez accumulé dans sa chambre quelque chose, qui, au lieu de purifier l'air, le rendit encore plus infect ; que, au lieu de changer de chemises et de draps à votre malade vous lui eussiez au contraire donné des linges encore plus salles, croyez-vous que le malade s'en fut trouvé mieux, et que sa convalescence arrivât plutôt? Répondez s'il vous plaît?... Vous êtes bien habile si vous dites que vous avez raison. Pour mieux vous en convaincre j'ajouterai encore ceci : Otez la chemise à un galeux et mettez-la dans un coin de votre appartement sans la laver, puis au bout d'une année prenez cette chemise, mettez-là sur votre corps et vous verrez si vous ne serez pas tout de suite pris de la maladie... Qu'en pensez-vous? que vous ne risquerez rien, n'est-ce pas?... Eh bien! l'appartement et les planches qui reçoivent vos vers-à-soie leur servent de chemise de la même manière que celle que vous mettez sur votre corps, et si ces appartements ne sont pas propres, vos vers ne réussiront jamais. Ne croyez pas à présent qu'il existe des spécifiques pour faire disparaitre la maladie des vers-à-soie lorsqu'ils en sont atteints : tout ce que vous pouvez avoir lu à ce sujet ne sont que de purs mensonges. Il y a des spécifiques pour prévenir la maladie, je les ai cités; mais pour les guérir, le seul spécifique consiste à les jeter à la rue. Si après cela vous trouvez que je n'ai pas raison faites du moins comme vous l'entendrez.

Nouveau procédé pour faire peupler en très peu de temps les colombiers.

Il faut pour cela veiller avec soin lorsqu'au retour du printemps, les pigeons commencent leur première nichée et répandre tous les 2 ou 3 jours dans le colombier quelques poignées des sommités de lavande qu'on aura eu soin de récolter au moment de la floraison. L'arome qui s'exhale des tiges fleuries de cette plante, plaît tellement aux pigeons, qu'ils la ramassent avec avidité pour en orner le pourtour de leurs nids et en même temps les attirer en grand nombre dans le colombier, et cela à un tel point, que j'ai vu des colombiers presque abandonnés se repeupler dans très peu de temps d'une manière considérable. La même opération doit se répéter dans le courant de l'été, lorsque la lavande est en fleurs, en observant toutefois de ne point détruire les premières couvées qui doivent toujours être épargnées.

Ce procédé qui est très simple, peut rendre de très grands services aux propriétaires qui possèdent chez eux des colombiers.

CONCLUSION.

Nous voici arrivé à la fin de notre ouvrage, et, prêt à poser la plume, nous regardons avec confiance derrière nous ; nous avons fait de notre mieux pour faire comprendre toute l'importance de l'œuvre à laquelle nous nous sommes en grande partie consacré. Néanmoins, si incessants qu'aient été nos efforts et si ardent qu'ait été notre désir de faire un peu de bien, il s'en trouvera parmi les lecteurs qui seront tenté de nous reprocher et peut-être même de démentir plusieurs des vérités contenues dans notre livre, malgré le concours unanime de l'expérience qui le tient à l'abri. Si donc, parmi les détracteurs de notre ouvrage il s'en trouve qui aient raison. qu'ils le prouvent ? ce n'est pas des idées que nous demandons, mais des faits. Que chacun soit juge ! et que personne ne soit surpris de ce langage. La colère et la jalousie sont la consolation des vaincus, et cela seul nous prouve qu'il est beaucoup plus facile à nos détracteurs de débiter de grosses fadaises que de présenter aux sociétés d'agriculture des travaux sérieux ou des arguments ayant quelque valeur. Il est impossible (et tout le monde en conviendra) de laisser voir avec plus de maladrsse le dépit qu'inspirent toujours l'impuissance et la honte de la défaite. Quel qne soit d'ailleurs l'accueil qu'on daignera lui faire, nous savons notre livre bon, et le seul désir que nous nous sommes proposé en l'écrivant, ça été celui d'être utile à la classe nombreuse qui nous nourrit. Aussi n'avons-nous pas balancé dès les premières pages de donner sur les différentes matières formant notre traité des conseils économiques, qui, tout en contribuant à rendre les bénéfices agricoles plus certains, facilitent en même temps les opérations et diminuent les dépenses. Puissions-nous avoir réussi ! S'il est vrai, que nous n'avons pu dans un aussi petit nombre de pages, dire tout ce que nous aurions eu à dire sur cet important sujet, nous espérons du moins que les définitions claires et précises que nous avons données, seront d'un grand secours pour diriger ceux des agriculteurs qui mettront notre ouvrage à profit. Ce que nous avons surtout bien essayé de faire comprendre, ce sont les avantages et les désavantages que chacun peut retirer de nos travaux ; le reste ne peut se trouver qu'auprès de nous, nous l'avouons volontiers, ou auprès de ceux qui auront envisagé ces travaux sous le même point de vue. Si nous proclamons cette prétention qui peut paraître orgueilleuse, c'est que le choix de nos moyens est basé sur une expérience acquise avec labeur et suivie avec persévérance pendant trente annéees. C'est au partage de cette expérience que nous appelons ceux des agriculteurs dont les soins tendent à partager nos efforts et à propager l'agriculture.

FIN.

TABLE
DES MATIÈRES.

TROISIÈME PARTIE.

QUATRIÈME PARTIE.

FIN DE LA TABLE.

www.ingramcontent.com/pod-product-compliance
Ingram Content Group UK Ltd.
Pitfield, Milton Keynes, MK11 3LW, UK
UKHW021149260726
13994UKWH00001B/358